女性情商课

杨文利 著

中信出版集团 | 北京

图书在版编目（CIP）数据

女性情商课 / 杨文利著 . -- 北京：中信出版社，2019.10（2022.7重印）
ISBN 978-7-5217-0987-2

I. ①女… II. ①杨… III. ①女性—情商—通俗读物 IV. ① B842.6-49

中国版本图书馆 CIP 数据核字（2019）第 187304 号

女性情商课

著　　者：杨文利
出版发行：中信出版集团股份有限公司
　　　　　（北京市朝阳区惠新东街甲 4 号富盛大厦 2 座　邮编　100029）
承　印　者：北京盛通印刷股份有限公司

开　　本：880mm×1230mm　1/32　　印　张：7.75　　字　数：190千字
版　　次：2019年10月第1版　　　　　印　次：2022年7月第6次印刷
书　　号：ISBN 978-7-5217-0987-2
定　　价：58.00元

版权所有·侵权必究
如有印刷、装订问题，本公司负责调换。
服务热线：400-600-8099
投稿邮箱：author@citicpub.com

前 言 / IX

目录

第一篇
职场篇

01 / 3

打造优雅又知性的高级感

一个能思想的人，才真是一个力量无边的人。
——巴尔扎克

02 / 19

打造自己的个人品牌

信念是鸟，它在黎明仍然黑暗之际，感觉到了光明，唱出了歌。
——泰戈尔

03 / 31

10个方法让你获得领导的认可

人人都有惊人的潜力，要相信你自己的力量与青春，要不断地告诉自己：万事全赖于我。
——纪德

04 /47

那些压不倒你的突发性工作，会让你更强大

在年轻的颈项上，没有什么东西能比事业心这颗灿烂的宝珠更迷人的了。
——哈菲兹

05 /61

如何应对职场各阶段的力不从心

我们常常听人说，人们因工作过度而垮下来，但是实际上十有八九是因为饱受担忧或焦虑的折磨。
——卢伯克

06 /71

找准职业锚，实现连级跳

斗争的生活使你干练，苦闷的煎熬使你醇化，这是时代要造成青年为能担负历史使命的两件法宝。
——茅盾

07 /87

摆脱职业倦怠症的5大方法

如果工作是一种乐趣，人生就是天堂。
——歌德

第二篇
家庭篇

08 / 101
理性消费，合理理财

如果你把金钱当成上帝，它便会像魔鬼一样地折磨你。
——亨利·菲尔丁

09 / 115
要想平衡，先要放弃

确切的人生是：保持一种适宜状态的与世无争的生活。
——蒙田

第三篇
成长篇

10 / 131
生为女人，我不抱歉

女性大部分时间都待在一起，很少有真正独处的时间。所以，她们会更多地受到人们情绪的影响，而不是听从自己内心的感情。而若要使愿望具有热情的力量，若要令想象力能够发展到更广泛的领域，将想象的对象变成最值得向往的东西的话，幽居和沉思都是必不可少的。

——第一部伟大的女权主义著作《为女权辩护》

11 / 147
遭遇性骚扰，不是你的错

每个女人都该学习一些女性主义的知识。这个社会，在很多方面，男性都占据了优势位置，隐藏了很多男性霸权，女性首先要意识到这一点，对此敏感，有社会平等的概念，然后才能做到自我保护，才能避免被这个男权社会奴役。

——梁文道

12 / 161

人要同情自己的愤怒，与自己和解

如果能左右自己的思想，就能够控制自己的情感。

——克莱门特·斯通

13 / 183

控制心态，掌控人生

当生活像一首歌那样轻快流畅时，笑颜常开乃易事；而在一切事都不妙时仍能微笑的人，是真正的乐观。

——埃拉·惠勒·威尔科克斯

14 / 201
面对被排挤,勇敢走出去

一个伟大的人有两颗心:一颗心流血,一颗心宽容。
——纪伯伦

15 / 215
提升自身的"讨喜"商数,变得更受欢迎

对众人一视同仁,对少数人推心置腹,对任何人不要亏负。
——莎士比亚

致 谢 / 223

前言

1995年，美国心理学家丹尼尔·戈尔曼在其著作《情商》中首次提出了"情商"的概念。他认为，人们需要加强掌控自身情绪、妥善管理情绪、自我激励、洞察他人情绪和人际关系管理的能力。丹尼尔·戈尔曼是当之无愧的情商实务第一人，但情商的概念涉及范围太广，所以专注于情商的学者们也需要进一步划分研究领域，比如划分"青少年的情商""管理者的情商"等。我之所以提出"女性情商"的概念，是因为女性和男性在大脑结构、生理特征、社会角色等方面存在诸多差异，而这些差异真切地影响着女性的情绪和生活模式。

与男性相比，女性通常会感受到更多、更细微，也更强烈的情绪。研究发现，女性在特殊时段（如月经期、妊娠期、育儿期、更年期等），大脑结构会发生细微的变化，这些不为人知的生理变化让女性比平日更敏感,也更容易捕捉到复杂且细微的情绪波动。

基于丹尼尔·戈尔曼情商理论的五部分内容,我将之概括提炼成图0-1中所示的五个部分。当世界上越来越多的人接受情商理论并意识到提升情商的重要性,尤其是针对女性情商的提升时,相应的方法论就显得非常欠缺。

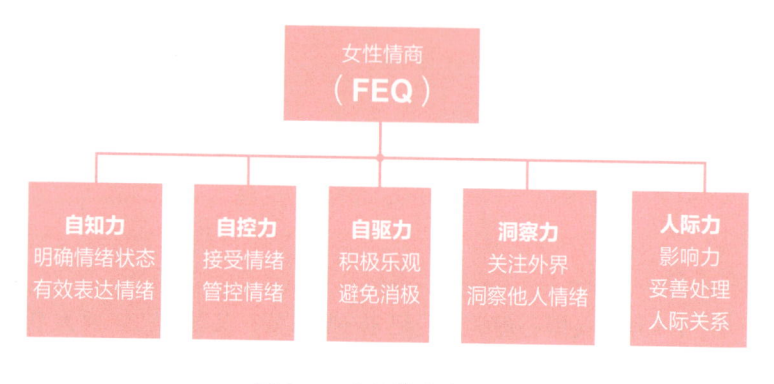

```
                    女性情商
                    (FEQ)

  自知力      自控力      自驱力      洞察力      人际力
明确情绪状态  接受情绪    积极乐观    关注外界    影响力
有效表达情绪  管控情绪    避免消极    洞察他人情绪 妥善处理
                                                人际关系
```

图 0-1　女性情商(FEQ)

女性情商的第一"力"是自知力,即随时明确自身情绪状态并能有效表达自身情绪的能力。那么,如何明确自身情绪状态呢?这需要女性时刻留意自己身体各个部位的感受与变化,比如肩膀在紧张时会变得僵硬,手脚在愤怒时会充满力量,胸腔在恐惧时会合拢,面部在害羞时会变红,眉毛在焦虑时会自动皱起,等等。总之,通过关注身体的变化,就能做到随时明确自身的情绪状态。只有在明确自身情绪状态的基础之上,才有可能有效表达自身情绪。在通常情况下,女性更倾向于用表情和肢体动作表现内心的情绪。当我们总是用表情和肢体动作表现情绪时,别人只能靠猜测去了解我们的想法,"女人心,海底针"就是众多男性在与女性交往之后得出的无奈感慨。因肌肉有记忆功能,当我们用语言表达情绪时,就避免了面部肌肉产生更多的细纹,也促进了我们与他人之间的沟通。

女性情商的第二"力"是自控力,即能够有效接受并控制自身情绪,避免其影响身体健康、工作和生活的能力。面对纷繁复杂的"情绪海洋",很多女性容易迷失其中。一旦情绪波动较大,很多人的内心会有挫败感,认为自己的确如外界所说:"女人是情绪化的动物。"于是,我们要么麻痹自身的情绪,不再深入了解每种情绪波动带给我们的启示和影响;要么随波逐流,任由情绪将我们带入危险的旋涡。其实,情绪是上天送给每位女性的一份礼物,只要我们勇敢面对,就能解读出很多信息,这些信息将使我们变得更笃定、更成熟,也更幸福。因此,管控情绪要从接受情绪开始。那么,如何接受呢?比如,当你非常努力地工作,却遭到客户或领导的否定时,你难免会感到委屈。委屈会让人体温下降、鼻孔缩小、悲从中来,甚至产生放弃的念头。当你意识到这种情绪时,要第一时间告诉自己:"很好!我又感到委屈了!这次我要好好用心体会委屈到底会让我有什么样的行为变化和内心感受!"再比如,当你全心全意地对待朋友,却发现对方总在背后说你坏话时,你一定会感到生气。生气会让你血液上涌、心跳加速,甚至产生使用暴力的冲动。当你意识到这种情绪时,要第一时间告诉自己:"很好!我又生气了!这回我倒要看看生气状态下的我和平常有什么不同!"总之,当一种情绪席卷而来时,我们要像个好奇的科学家一样接受情绪并观察这种情绪带给我们的变化。只有接受情绪，才有可能管控情绪。管控情绪的方法有很多，比如顺腹式呼吸法、冥想、积极的心理暗示、转移注意力等。

女性情商的第三"力"是自驱力，即在较为平稳的情绪状态下，拥有更多积极乐观的信念和行为。人会在各种欲望的驱使下，做出或有益或有害的行为。但无论怎样，我们都应该感谢自身的欲望，更要有意识地利用这些欲望，使自己变得更健康、更富有，也更幸福。比如，我们每个人都有改善衣、食、住、行等基本生存条件的欲望，也都有对安全感和社会保障的渴望，更希望拥有高质量的亲密关系和归属感，在这些都能实现后，我们还会产生赢得他人尊重、实现自我认同、为理想拼搏和不断释放潜能的想法。天生我材必有用，但我们先得了解自我并找到适合自己的位置。女性受限于自身生理条件，很容易在亲密关系和婚姻中迷失自我，忘了作为一个独立的人所必须追求的更高的目标。在家庭中，如果母亲为了孩子放弃工作，我们会认为这是一件稀松平常的事，似乎理所应当；而当父亲为了孩子放弃工作时，我们就会觉得他牺牲得很多。长久以来，女性被婚姻和家庭占据了太多时间和精力，所以很容易逐渐放弃自己的追求，进而变得甘于奉献、甘居人后，不再追求进步和完善自己。所以，女性更需要具备自驱力，主动拥抱积极的情绪并不断完善自己。

女性情商的第四"力"是洞察力，即从自己的小世界里走出来、关注外界并洞察他人情绪的能力。如果说女性情商的前三"力"解决了女性与自己和谐相处的问题，那么后面的部分就是解决女性和外部环境的关系问题。基于人类的进化和遗传，女性的痛觉神经更为敏感，女性的关注点更容易停留在心爱的人身上而非外界，女性更容易产生焦虑和抑郁的倾向。因此，女性格外需要从自身世界中抽离出来，去关注外部世界，对世界、时势、组织或他人的感受重燃好奇心并洞察他人的情绪变化。与男性相比，女性左右脑之间的联结更通畅（神经传导所需的路径更短），在做决策时更容易兼顾情感因素。所以，女性尤其需要发展自身洞察他人情绪的能力，这样才能提高决策速度和质量，避免陷入情感纠葛。提升洞察力的方法无外乎两种，一是解读沟通对象的所有非语言信息（如面部表情和肢体动作），二是掌握并分析外界环境的相关资讯。值得庆幸的是，提升洞察力并不难，因为只要你集中学习相关知识、留心观察并进行分析推理，就能在短时间内提升洞察力。

女性情商的第五"力"是人际力，即影响他人的所思所为和妥善处理人际关系的能力。美国社会心理学家罗伯特·西奥迪尼在其著作《影响力》中剖析了人类顺从他人行为背后的诸多心理秘密。那些秘密其实都是情商高手深谙的行为准则。比如互惠原则，不论在人前还是人后，情商高手通常都会与人为善，因为他们明白这个道理：让对方喜欢自己的前提是自己首先主动表现出喜欢对方的倾向。人与人之间总是会相互影响的，但情商高手具有较大的影响力，他们通常会影响身边的人，而轻易不被身边的人影响。同时，他们也明白人都是环境的产物（谁都难免被他人影响），所以他们会有意识地为自己建立一个高质量的人际关系，以此受到更多积极的影响。其实，到目前为止，没有任何科学数据证明女性和男性谁更擅长处理人际关系，但多数女性陪伴孩子的时间更长，她们无疑是孩子的第一模仿对象。所以，女性需要为孩子做出更好的表率。另外，在大部分人的婚姻生活中，女性接触的琐碎事务更多，也更需要掌握平衡夫妻双方家庭关系的能力。

简单来说，女性情商的内涵很像通关游戏，每一种能力的提升都必须建立在前一种能力的基础之上。比如，无法明确自身情绪状态，何谈管控自身情绪；非常情绪化的人没掌握管控情绪的能力，又何谈保持积极乐观的精神面貌；连自身情绪都不了解的人，很难理解他人的情绪；忽视他人情绪也很难处理好人际关系。而高情商的女性通常具备以下十大特质：

1. 可以随时明确自身的情绪状态。
2. 善于表达自身的情绪，不会因情绪波动而影响工作和生活。
3. 懂得如何与自己对话，内心平静且笃定。
4. 善于管控自身情绪，能更快地度过情绪低潮和情绪过度高涨期。
5. 能保持长久的积极心态，对未来充满期待。
6. 在遭遇挫折后能更快地复原，极少出现沉沦或抱怨的倾向。
7. 除了关爱亲友，对所属组织的成员、社会时事、国际新闻等都很关注。
8. 多数情况下，能听懂他人的弦外之音，能感知他人内心的情绪变化。
9. 在人群中有较强的影响力，总是能得到他人的喜爱和追随。
10. 善于处理各种人际关系，具备较强的沟通、协调和统筹能力。

不知道你是否留意过这样一个现象：在你和伴侣发生冲突后，他总是很难意识到问题的严重性，直到你流下眼泪，他才会真正重视起来。其实这正是因为男性不太擅长感知他人情绪和女性更容易陷入情绪当中的表现。对男性而言，看不见的情绪实在难以捉摸，晶莹的泪花却很容易识别。所以，有时候我们需要用眼泪引起对方的重视，而非自顾自地乱发脾气。请你一定要相信，在我们的生活和工作中，有很多这样的常识尚不为我们所知，所以我们需要通过学习来提升我们的情商并从中受益。让我们先来看看图 0-2 的两张情绪波动图。

其中，横轴代表一个人从出生时刻开始所拥有的时间，纵轴代表人体的温度变化。在大海上，任何一个细微的波澜都会带来水平面的起伏变化，同样地，我们人类每一个细微的情绪也会让自身的体温发生改变。人的基础体温是 36℃~37℃，每种令体温升高的情绪都属于正向情绪，相反，每种令体温下降的情绪都属于负向情绪。比如紧张和兴奋，虽然这两种情绪的状态相似，但兴奋会令人的体温保持较高的水平，而紧张则会令人的体温在短暂升高后降至较低的水平。所以，兴奋属于正向情绪，紧张则属于负向情绪。当然，情绪本身没有好坏之分，关键要看我们如何认知并引导自身的情绪。图 0-2 中，在代表时间的横轴上下方有两条趋近的线，它们代表了每个人所能承受的最高和最低体温，也代表了每个人所能承受的正向和负向情绪的极限，我把它们称作安全阈值。随着时间的推移，每个人的身体所能承受的情绪极限值也会趋近，所以，修炼情商最直接的收效就是避免身体承受超负荷的情绪波动，进而引发相应的疾病。

当然，没有人天生就擅长管控情绪，更没有人天生就能掌握处理人际关系的技巧。图 0-2 中的情绪波动图①是高情商者的波动规律，它具备如下特征：

- ♥ 整体而言，平静的时候更多，没有太大的情绪波动。
- ♥ 在所有情绪的波动中，正向情绪明显多于负向情绪。
- ♥ 每种情绪的波动都在较短的时间内回落到正常水平，波峰较为锐利。

图 0-2 中的情绪波动图②是低情商者的波动规律，它具备如下特征：

- ♥ 整体而言，情绪的波动较多，平静的时候较少。
- ♥ 在所有情绪的波动中，负向情绪占据了更多的时间。
- ♥ 每种情绪的波动都需要较长时间才能回落到正常水平，波峰较为平缓。

总之，作为女性，无论她天生如何聪颖秀美，或是出生在多么富贵显赫的家庭中，总要面对生活，总难免遭遇"情绪暗礁"或"情绪浪潮"的袭击。一个长期受不良情绪影响的女性怎会拥有健康的身心和良好的人脉？作为一名职业培训师，我讲课近 20 年，为众多企业提供过提高情商方面的培训，也见证了这个时代背景下形形色色的、最真实的案例。无论是日益激增的女性抑郁人群，还是乳腺癌患者，都让我觉得倡导女性提升情商的工作迫在眉睫。这是一项任务艰巨但影响深远的工作。我期待所有女性都能重视起来，主动提升自身的情商，并将所学积极地加以运用。在这样一个强烈信念的驱使之下，我通过中国目前几个拥有最大流量的平台，谨慎地锁定了困扰女性成长的15个典型问题，并认真完成了本书的写作。我相信书中的很多案例会引起你的共鸣，更相信书中提供的方法和技巧会对你有所帮助。赶快开始你的阅读之旅吧！另外，你不一定要严格按照从头到尾的顺序阅读本书，完全可以从你最感兴趣的一个篇章开始。

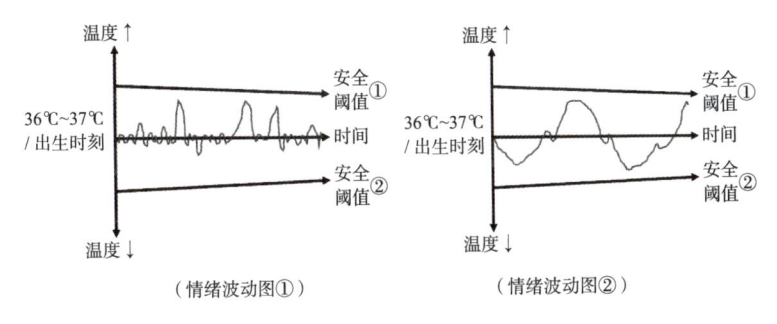

图 0-2　情绪波动图

愿天下所有女性都能真正懂自己，更会爱自己。

第一篇

职场篇

01

打造优雅又知性的高级感

一个能思想的人,才真是一个力量无边的人。
——巴尔扎克

庄敏在生下女儿之前总是一副不修边幅的样子，做事大大咧咧，说话也直截了当。虽然她一向认为内在美更重要，但当她想到女儿的教育问题时，便开始思考自己作为母亲对女儿的影响力。她希望女儿可以成长为一个内外兼修的人。就是这样一个想法开启了她的内在革命，她做了很多她以前不屑于做的事：坚持早睡早起，注意饮食搭配，定期健身塑形，加入一个女性读书会，更主动地响应了公司的导师计划。就这样，随着女儿的不断成长，她也越来越优秀。虽然生活依旧会有不如意之处，她的内心却越来越充盈、目标越来越坚定。

把辛苦"磨"成幸福

年轻的女孩像贝壳，五彩斑斓，千姿百态；青春不再却优雅知性的女人像珍珠，娴静温润，雍容华贵。当贝壳受到沙砾等外界物质的入侵后，为避免自身受损，会分泌出一种叫作"珍珠质"的物质，这种珍珠质会把沙砾层层包裹住，使其圆滑，最终形成珍珠。女性在很多方面都比男性更为敏感，所以也注定会承受更多心理压力。但是，岁月对于有些人是碾压，而对于另一些人则是雕琢，后者更善于将困顿变成滋养心灵的养分，把辛苦"研磨"成幸福，活得充实且从容。

为什么改变那么难？

美国心理学家杰弗里·科特勒聚焦改变的话题，进行过系统的研究，并在《改变》[①]一书中探讨了阻碍行为发生改变的主要因素。改变的确很难，但并不是不可为之。所以我们要先了解改变的难点到底是什么。

思维惯性

人类的大脑分左脑和右脑，女性脑中连接左右脑的横向神经

---

① [美]杰弗里·科特勒.改变[M].钟晓逸，译.北京：北京联合出版公司，2016.

纤维（又称为"胼胝体"）相较于男性脑中的更粗、更短，这直接导致女性的决策速度更慢，因为女性经常会在理性和感性两种模式中纠结。理性说："我真应该这样做。"感性却说："但我实在不想这样做。"这是一种思维惯性，人总是想着什么都不用主动改变，生活就能自动地越变越好。

强大的"精神管家"

在我们人类漫长而又潜移默化的进化过程中，大脑已经训练出若干个习惯性行为，这些类似条件反射的行为把我们"照顾"得很好，让我们活得既轻松又安全。比如，遇到危险后，我们的瞳孔会自动放大，因为要看清危险源；剧烈运动后，我们的排汗系统会自动开启，只为让体温保持恒定；生下宝宝后，我们的身体会自动分泌乳汁……这一切行为都可以在我们毫无意识的前提下自动发生。这一系列习惯性的反应解放了我们的大脑，同时也禁锢着我们的行为。每一个习惯性行为都对应着一套神经回路系统（也就是我们的"精神管家"）。想要重新布阵？谈何容易。

旧习存在的用处

德国哲学家黑格尔说过："存在即合理。"那么，旧有的习惯有什么存在的合理性或用处呢？

举个例子来说，酗酒的迈克很难成功戒酒，因为他的哥哥在校成绩非常突出,父母总是在外人面前夸赞哥哥,这导致迈克在家里的存在感较低。于是一次偶然醉酒后,父母对他进行了长时间的"关注"(如责骂和劝说),但在迈克看来,这是一种获得父母关注的办法。所以,除非父母对他的态度有所改观,否则他酗酒的旧习就很难改变。换句话说,迈克肯定知道酗酒对身体的危害,但引起父母关注的作用让酗酒似乎变得很有吸引力。

再举个例子,总是睡懒觉的吉娜明明知道自己的身材越来越差,应该早起锻炼身体,但就是我行我素。她丈夫的收入远比她低,但他们的感情基础非常好,日常相处也很愉快,只是丈夫偶尔会评价她日益发福的身材,她却只是笑呵呵地承认并发誓要减肥(虽然她从来都只是说说)。因为在吉娜的内心深处,她希望丈夫在某些方面比自己强,自己的收入远高于丈夫这一事实无法改变,她便有意识地在睡懒觉这件事上"执着"。换句话说,睡懒觉的吉娜虽然经常被丈夫奚落,但是她认为这一习惯稍稍弱化了她的完美形象,使之与丈夫保持了某种平衡。

很多致力于研究"戒瘾"的专家表示,人总要经历"置之死地而后生"的心理,才会真正挥别旧习。其中的原因自然也包括旧习存在的隐秘用处。

来自身边人的干预

一个人刚开始进入某个环境时,首先会仔细观察其他人的行为方式,进而调整自身进行模仿,这是人与生俱来的适应性和集体属性。但当这个环境中有个别人想要发生改变时，他必然会扰乱其他人早已习惯的格局和意识，所以，避免身边的人发生改变的行为便随即产生。乞丐不会嫉妒百万富翁，但会嫉妒比自己混得好的乞丐。来自身边人的干预是阻碍改变的因素之一。一个人的改变会让他身边的人感受到强烈的心理冲击，虽然他们嘴上通常不承认。为了"自保"，他们会实施各种干预手段。但这种来自身边人的干预无法阻挡一个真心想要改变的人，它们充其量只是阻碍而已。

强大的适应力

谁也不可能把生活经营得面面俱到，毕竟我们的时间有限，不同的人有不同的烦恼。我们一山望着一山高，谁又知道别人脚底下是否舒适？压力就像我们穿在外衣里面的内衣一样，勒得难受了，就趁别人不注意时快速扯一下，一忙起来，这种压力也就被我们抛掷脑后了。慢慢地，我们适应了这些压力，并和它们和平共处，便很难做出改变。

优雅知性只是习惯而已

我们了解了改变的难点后，就可以不再迷茫。那么接下来，就是我们迎难而上，一起努力改变的时候了。

修炼我们的状态，具备优雅知性的外形

女性的皮肤厚度比男性薄，所以，女性的面容更容易被各种情绪"刻画"，也就是说：更容易衰老。人的面部有 40 多块表情肌，它们是用来表现人的喜怒哀乐的，而且具备"记忆功能"。也就是说，你平日里的情绪都会被一一记录在册，关键时候根本无法掩饰。

女性必须学会的第一件事

英国第一位女医生、女市长伊丽莎白·加勒特·安德森生活在 19 世纪的英国，那正好是维多利亚时代，这个时期的大英帝国处在世界之巅，而女性的地位却极其低下。她们没有选举权，没有起诉权，更没有财产权。伊丽莎白在法国巴黎取得了医学博士的学位。她曾在伦敦女子医学院工作，不断地推动妇女获得权利，后来成为英国历史上的首位女市长。她在医学院为女学生们树立了职业女性的典范，并不断教导她们说："女性必须学会的第一件事就是穿衣要像淑女，做事要像绅士。"总之，服饰搭配和衣橱管理是所有女性的必修课，注重穿着打扮并不是为了取悦他人，而是庄重自己。

皮肤的清洁工作是重中之重

你为皮肤做过多少清洁工作，皮肤就会为你绽放多少光芒。生活中，我总能发现一些中年纯素颜的女性的脸上泛着光芒，润

泽的皮肤上虽有细纹，但依然难掩其优雅与知性。每次看见她们，我都深信她们一定拥有护肤的好习惯。美丽始于洁肤，这句话真的没错。

皮肤的保养是一场攻坚战

皮肤的最外层叫作"角质层"，它能保护皮下组织，防止其受到环境的侵害。然而，当角质层长时间受到外界侵害后就会变得很薄，皮肤的防御能力也就随之下降，很容易受伤。保湿补水则会促进"水合脂"的形成，角质层的细胞才能因此更好地自我修复，继续为皮肤提供防护。要知道，让碗里的一滴墨颜色转淡，最好的方法是不停地往里加水。

时光老人一定是一位画家，因为它总爱在我们的脸上留下各种色斑。虽然它们于生活无碍，却有碍观瞻，所以祛斑工作必须有序进行。当然，产生色斑的原因有很多，比如，过度疲劳、缺乏睡眠、精神压力过大、紫外线照射、劣质化妆品的刺激、内分泌失调、怀孕引起的黑色素沉淀、新陈代谢慢、抗生素药物刺激、气血不足、流产手术等。所以，祛斑工作不能一蹴而就，人的皮肤一旦失去角质层的防护就会很危险。你需要到正规的医疗机构接受治疗。

别太在意皱纹

我有一位合作伙伴，她 50 岁左右，事业蒸蒸日上。把儿子送进大学后，她感受到了前所未有的轻松。可能是因为骨子里怕老，也可能是碰上了哪位销售高手，她竟做了皮下注射的美容治疗。

脸上的皱纹消失了,但鲜活的表情也不见了。每次和她说话,我总感觉她戴着个面具,笑容里多了一丝诡异,少了很多真诚。

父母赐予我们的是一张无瑕的面容,我们则用自己的性情和经历重塑了这张脸。我们才是自己的雕刻师,而创作过程需耗尽一生,且越往后越见功力。有的雕刻师懂得顺势而为,让作品浑然天成;有的雕刻师却没有主见,最后让作品变了形。请记得,要爱自己,也要爱那散发着岁月光芒的皱纹。

节制对美食的贪恋

美国心理医生朱莉·霍兰在《情绪女人》一书中说:"一直以来都有实验证明,小鼠超重对大脑毫无益处……如果给这些小鼠抽脂,细胞活素含量随之降低,它们的智力测试可以拿A……除此之外,还有一个毛骨悚然的事实:研究者往消瘦的实验鼠身上移植之前通过手术割下来的脂肪块,消瘦的实验鼠在认知测试中的表现会变差。这就是所谓的'肥'头傻脑吧。"[1]

我们的胃部呈囊袋状,它具有相当强的伸缩性,并受神经调控。成年人在空腹的时候,胃腔容量约为100毫升,进食后能达到2 000毫升左右。也就是说,当你感觉到撑的时候,胃腔容量已是饭前的20倍。因此,胃腔容量会随着进食量的变化而变化。要记得,适度的饥饿感才是享受美食的先决条件,每顿饭吃到感觉不饿就可以了。

---

[1] [美]朱莉·霍兰. 情绪女人[M]. 尹晓虹,周村,译. 北京:中国友谊出版公司,2015:187.

不断拓展自己的边界，具备优雅知性的底气

社会心理学家苏珊·菲斯克和雪莱·泰勒共同提出了"认知吝啬者"的概念。认知吝啬者是指个体在接收信息时，不情愿思考，单纯凭经验或直觉去反应，用认知捷径处理外界信息，用以减轻自己的认知负担。当然，我们都是认知吝啬者，所以才有那句"知之为知之，不知为不知，是知也"的名句。我们很容易犯自以为是、想当然和答非所问的错误。尤其是女性的大脑更倾向于记忆事情的细节而非整体，而女性的语言表达能力又很发达，所以一个不学习的女性迟早会变得喋喋不休、索然无味。因为大脑犹如土地，没种庄稼，只能杂草丛生。既优雅又知性的人都有一份基于灵魂深处的自信，因为优雅源于自信，自信源于勤奋，勤奋源于一颗愿意学习的心。阅读至此的你，想必一定是既优雅又知性的。

用心对待"后天亲人"，具备优雅知性的灵魂

古希腊哲学家伊壁鸠鲁说："在确保终身幸福的所有努力中，最重要的是结识朋友。"年轻时，我们期待着摆脱对父母的依赖，却在多年后发现，我们并没有完全独立，而是依赖着更多的人。

巩盼烟天生有种沉静温婉的气质，因为交往9年的前男友在婚前临阵脱逃，所以她对婚姻有些畏惧。一个气质和能力都很一般的男人

最终成了她的丈夫。几年下来，她的皮肤枯黄干裂，体重也增加了十几斤。在她已经准备甘于平凡时，丈夫却有了婚外情。经过半年多的冷战，他们还是离了婚。她说："作为女人，如果你都放弃了自己，又怎能奢望别人会爱你？"有意思的是，在她果断挥别那段不堪回首的婚姻后，她的身材也重新变得苗条、健康。

师莺儿是医院里的一名药剂师，每天上班看单子抓药，下班忙着照顾两个儿子。她几乎没什么朋友，除了她的一位大学同学。这位同学先后做过医药销售代表、保险经纪人和美容院老板，每天忙得筋疲力尽。压力过大的时候，她总是习惯向师莺儿诉苦，她们的友谊就这样保持了几十年。虽然她这位同学的经济条件要优越很多，但师莺儿却非常珍惜自己平淡的小日子。

我把丈夫和朋友都称为"后天亲人"，你长时间面对的人对你的影响最深，所以我们需要用心对待他们并不断完善自己。当然，有些事不能苟且，有些人不能迁就。巩盼烟离婚的决定显然是对的，因为她在离婚后，整个人的状态都变好了。至于药剂师师莺儿，她能守着清贫的时光安然度日，保持着较高的幸福感，正是因为她透过同学感受到了市场的残酷，从而少了一份浮躁和慌张。

如果你有一位认真生活、用心待你的丈夫，就请适度容忍他的缺点，因为你们一起努力，彼此互补，才能成为无坚不摧的"婚姻共同体"。婚姻的意义就是让彼此都能变得更好，最终变成对方生命中不可或缺的那个人。如果他视你的好为理所当然，并放弃为你们共同的未来努力，那么请你及时放手，千万别让自己太狼狈。离婚确实是一种不愉快的经历，但生命如此短暂，世界如此美好，你没必要明知坚持是徒劳，还一味地伤害自己。

运用"7秒法则"养成好习惯

我们不妨先来看两个实际案例，再来深入了解"7秒法则"。

金融理财师荆莹的晨间趣事

荆莹是一位金融理财师，她最近的一次感冒咳嗽持续了将近一个冬天。所以，一立春，她便购买了冥想的网络课程和全套的冥想用具。每天早晨，被闹钟叫醒后，她总会在床上赖上一会儿，而那"一会儿"总让她感觉无比惬意，所以她的晨间冥想的习惯一直没养成。后来她运用"7秒法则"，轻松养成了晨间冥想的习惯。

- ♥ 睡前，她把电脑放在床头柜上，并把瑜伽音频课程打开，让界面保持在随时可以开始的暂停状态。
- ♥ 她把新买来的瑜伽垫放到枕头旁边。
- ♥ 她穿着宽松舒适的瑜伽服入睡。
- ♥ 她把闹钟的时间从原来的早上6点30分调整到早上6点15分。
- ♥ 她把原本放在床头柜上的闹钟放到距离床尾一米的地上。

当荆莹做了上述这些细微的调整后,神奇的事情出现了:早晨,她被闹钟吵醒后,条件反射地用右手去摸索闹钟,而闹钟离她的手太远,她至少要花 7 秒才能完成睁眼、起身、向床尾挪动、弯腰、下床跨出一步并关掉闹钟的一系列动作。所以,在执着、刺耳的闹铃声中,荆莹睁开了双眼(此时她本打算摸索闹钟的右手还停在空中),看着电脑显示出的微弱光芒,便随手按了回车键。然后,充满磁性的冥想引导语伴着清新的音乐响起。别以为这样她就会练习冥想了——荆莹又习惯性地闭上了双眼。但耳边是冥想曲、引导语和闹铃声混杂在一起的声音,这让她难以忍受。所以,她的大脑变得清醒了一些,然后她去了趟洗手间。她从洗手间出来并关掉闹钟后,又习惯性地爬回床上。但身旁的瑜伽垫和身上的瑜伽服都已就位,她便轻而易举地靠着床背坐直、闭上了双眼——晨间冥想的练习终于开启了。

既优雅又知性的妈妈

52 岁的王欣曼在一家国企工作,从家到单位只需要步行 5 分钟。她的丈夫常年在外地工作,他们唯一的女儿在英国读书。她的生活很安稳,唯一的烦恼是自己日益发福的身材。尤其一年后要参加女儿的毕业典礼,她知道减肥势在必行了。在她尝试了"7 秒法则"后,效果非常明显。第二年,她优雅自信地出席了女儿的毕业典礼,让女儿惊喜到尖叫。

♥ 她清空了冰箱,并果断拔下了电源。换言之,除了水,她的家里什么食物都没有,咖啡、糖等都被她送给了亲戚和朋友。

- 尽管她的厨艺很好，但为了避免逛菜市场，她恢复了早上和中午在单位食堂吃饭的习惯，食量与往常一样。

- 每天下班后，她就换上运动鞋，带上最原始的计步器，朝家的相反方向走。走到 10 000 步再往回走，去单位取了衣服和手机后回家。就这样，她坚持每天 20 000 步的运动量。

- 有时候，她路过餐厅门口时会特别馋，还会想象某种菜的味道，但兜里除了家里的钥匙和计步器，什么都没有。所以，她也就只能忍耐到底。

- 熟悉她身体状况的一位老中医说她的肠胃蠕动比一般人慢，所以她经常在快到吃晚饭时还在打饱嗝。她会大量饮水，所以她的饥饿感并不强烈。后来，她开发出一条往返没有任何餐厅的运动路线，这让她不用再面对美食的诱惑……

想改变的主观意愿结合几个微小的客观改变，就为坏习惯设置了障碍，让它的延续不再容易，也为好习惯的形成创造了便利条件。

"7秒法则"到底是什么？

旧有的坏习惯的力量太强大，要想摆脱它，必须人为地为它设置障碍，让它无法自行启动，哪怕只是多花7秒，事情就会变得不一样。"7秒法则"并不是一个"放之四海皆有效"的方法，成功的前提是你发自内心地想要改掉某个坏习惯。优雅知性是一系列好习惯的结果，如果你想养成什么好习惯，也可以运用"7秒法则"，为你想要养成的好习惯创造便利条件，让你在"执行"它时节约7秒,事情就会轻松很多。比如,你有多久没用过你家的跑步机了?为什么不试着拿掉上面的毛巾,擦去上面的灰尘,插上电源并行动起来呢?如果你做了这些细微的改变,那么,当你再想跑步时,就会容易很多。换句话说,你启动这个好习惯所要花费的能量越小,好习惯就越容易养成。

  法国思想家蒙田说过:"我想靠迅速抓紧时间去留住稍纵即逝的日子,我想凭借时间的有效利用去弥补匆匆流逝的光阴。"尼采说:"纵使人生是一场悲剧,我们也要快乐地将它演完。"花儿终将凋零,却没有辜负每一寸可以绽放的光阴;女人迟早会老去,也不该放过每一次可以开怀大笑的机会。我们从无意识中哭着来到这个世界,却有意识地穿过几十年的岁月,在收获爱的同时也付出心力,为什么不努力留下一份既优雅又知性的回忆在心头呢?

02
打造自己的个人品牌

信念是鸟,它在黎明仍然黑暗之际,感觉到了光明,唱出了歌。
——泰戈尔

潘含玉刚刚加入一家大型集团，拥有硕士学历的她被安排进公司的企业大学。虽然同一批加入公司的还有十几个人，但她还是很自信的，因为她不但身材好，弹得一手好钢琴，还很擅长穿衣搭配。但在入职培训期间，她就意识到事实没那么简单，因为大家都很优秀，各有所长，她真不知道自己该怎样做才能脱颖而出……

个人品牌的概念认知

个人品牌的概念

个人品牌是指一个人有别于其他人的独特的、鲜明的、确定的和容易被感知的特质，比如外在形象、气质风格、性格特征、核心能力、人文修养等。不仅是潘含玉这样的新人需要尽早建立个人品牌，所有职场人士都应该有意识地建立和维护个人品牌。这个维护与经营的过程几乎贯穿一个人职业生涯的始末，也是关乎每个人的职业发展的关键内容。个人品牌发展大概呈现以下三种形态。

1. 很多人一辈子也没意识到个人品牌的重要性，所以，其个人品牌发展的轨迹也只能是接近地平线的"一"字形，其影响力微乎其微。

2. 有些人能意识到个人品牌的重要性，所以在用心包装后，其收入和发展都远超普通人。只不过由于外在环境和内在思想会发生变化，所以个人品牌会存在一定程度的波动。多年后，回顾自身发展轨迹时，你会发现它呈现"凹"字形。

3. 只有少数人会把个人品牌当作自己的第二生命，无论遇到什么困难，都不会妥协。所以，这些人的个人品牌发展轨迹就像一条持续上升的45°射线。

个人品牌的三大支柱

谁不想拥有那迷人的45°射线？但支撑它不断向前和不断向上的三大核心支柱才是关键。

道德水平是核心

弄虚作假的事情如同被用力按进水底的木头，迟早会有浮出水面的一天，到那时，以前辛辛苦苦建立的个人品牌都会付之东流。

持续不断地输出"内容"

对于企业而言，想要持续发展壮大，产品就需要持续创新，服务就需要不断完善，否则追求性价比的客户们很快就会"移情别恋"；对于个人而言，想要让自己的个人品牌不断地发展壮大，就需要持续输出"内容"。对于不同职业，"内容"的含义也不同。对于教师，"内容"可能是一批又一批优秀的学生；对于医生，"内容"可能是一台又一台成功的手术；对于作家，"内容"可能是一本又一本出色的作品；对于销售，"内容"可能是一个又一个业务订单……

言行一致

经营个人品牌最大的获益方是自己，同时，一旦经营不善，最大的受害者也是自己。个人品牌和个人言行是密切关联的，谁都不可能左手抱着"勤奋"的品牌，右手干着"偷懒"的事实；也不可能一边举着"环保"的旗帜，一边穿着皮草招摇过市。只有持续保持言行一致，才能更快、更稳地建立个人品牌。我相信读出深意的读者今后一定会像守护第二生命一样保卫自己的个人品牌。

如何持续打造职场竞争力

"如何脱颖而出"的问题不仅仅局限于职场新人,无论你晋升到组织中的哪个职级,这个问题都会重复出现,而且难度会越来越大,因为你的竞争者也越来越优秀。对于这个问题,我曾多次与资深的人力资源专家们探讨。

利用"晕轮效应"

"晕轮效应"是一个心理学概念,意思是说,当我们对一个人的某些特征形成既定印象时,会基于这种主观感受对他的其他品行特征进行推断。换句话说,我们很容易犯"以偏概全"的错误。比如,我们会认为留短发的女性工作效率更高,穿运动衣的男性更热衷于锻炼身体,等等。所以,我们非常有必要持续打造和自身职级相符的职业形象,无论是服装、配饰、发型,还是妆容,这是塑造个人品牌最快捷的方法。

关注每位同事,明确自身的核心优势

健康的组织往往鼓励同事之间的良性竞争。知己知彼,方能百战不殆。你需要尽最大的努力去了解同事,因为他们既是你的合作伙伴,也是你的竞争对手。全面了解才能实现默契的配合,

才可能从中发现自身的竞争优势。只有与众不同,才能被人识别。

始终呈现积极、理性的精神状态

你可能现在正被大量的工作淹没,以致睡眠不足、疲惫不堪,但越是在这种情况下,你越需要注意调整自己的精神面貌,别让除了自己的任何人接收你的负能量。一方面,同事没有义务承受你的负能量,这是经营个人品牌的大忌;另一方面,萎靡的精神状态往往会给人造成"力不从心、难当重任"的印象。

胜任本职工作

在其位,谋其政。当你说自己"怀才不遇"时,别人只会认为你"眼高手低"。胜任本职工作始终是每个职场人的立足之本,否则其他任何机会都将与你无关。

与领导保持紧密且友善的关系

要与领导建立紧密且友善的关系,如果可以,尽量多接触并挖掘共同话题。当然,关系的建立需要一个过程,你首先需要维持与领导的紧密关系,比如每天向领导汇报你的工作进度,在领导生病时表示自己的关切,在部门面临巨大工作压力时表达愿意多承担的意愿,在背后也表达对领导的欣赏和感激,等等。

脱颖而出的完美攻略

锁定相对固定的穿衣风格

施书卉是一家服装公司的品牌推广专员。入职没多久,她就买了很多款式一样的白色衬衣和黑色阔腿裤,还有配套的黑帽子、简约风皮鞋和金色首饰。这样的风格基调为她的职业形象加了分,让她节约了每天琢磨搭配衣服的时间,关键还赢得了公司领导对她的欣赏。她将黑白风进行到底,形成了独有的风格。这样的风格长期重复有效地刺激着老板和同事的感官,让大家对她印象深刻。她倾心研究国际大品牌的推广逻辑,虽不是科班出身,却成了公司里最了解前沿信息的时尚达人。在加入这家公司5年后,她如愿成为市场推广部经理兼创意总监。

《跟巴黎名媛学到的事》一书的作者珍妮弗·L.斯科特作为美国的一个年轻学生去法国做交换生,目睹了法国人的生活方式,深受影响。她回忆起第一次看见寄宿家庭给她安排的迷你独立式衣橱时,她内心感到的恐慌。但她很快了解到,这个家庭的每个成员都有很好的衣服,但也都用差不多只能挂10件衣物的衣橱。他们喜欢重复替换,就那几件衣服换来换去。她说,在巴黎,她仔细研究了只能装下10件衣物的迷你衣橱。在日常生活中,她观察到法国人（比如她的教授、店主、来自波希米亚家庭的朋友等）大都重复地穿衣服，他们不觉尴尬，而且气派十足。在美国，要是一个人一周穿同样的衣服两次，他就会感到尴尬，更不要说一件衣服一周穿三次。而在法国，这完全不是问题。事实上，每个人都在这样做！①

用审视的目光完善自己

法国香奈儿的品牌创始人加布里埃·香奈儿说过："如果穿得不体面，人们记住的是衣服；如果穿得光彩照人，人们记住的是人。"

我们总是用欣赏的眼光看自己，用挑剔的眼光看别人。然而，你引以为傲的地方总是被别人忽略，你一时忽略的地方轻易就成了别人眼中的发现。所以，我们得用审视的目光看待自己，才能脱颖而出，赢得更多好运。

完美到极致的工作结果

范晴高中毕业后没考上大学，加上两个弟弟要读书，父母便让她直接进城打工。从 18 岁开始，她在公司旗下一家美容院当助理，25 岁时被提拔为产品讲师。她深知自己愚钝，所以，为了当上产品讲师，没少下苦功。

---

① [美] 珍妮弗·L. 斯科特. 跟巴黎名媛学到的事 [M]. 马颖，但功勤，译. 北京：中信出版社，2013：41.

- ♥ 手抄产品信息。逐字逐句将每件产品的信息抄录到本子上，晚上睡觉前，捧着本子背。她经常梦见那些瓶瓶罐罐牵起手来在她面前跳舞。
- ♥ 购买网络课程。她看了很多美容方面的视频课，一方面是为了丰富知识，另一方面是她也想学讲课技巧。她自己也想变成那样的讲师，与别人分享美丽秘诀。
- ♥ 重视日常护肤。这些年，她虽然没攒钱，但从没亏待过自己的脸。每天的基础护肤和日常保养工作，她都做得很认真，所以她的那张满是胶原蛋白的脸格外漂亮，皮肤几乎没有瑕疵。
- ♥ 制造机会练习。范晴喜欢给两个室友做护肤，她的手法让人上瘾，两个室友对她公司的产品非常熟悉，也情有独钟。
- ♥ 感受知识营销。经室友推荐，她为她们所在的两家公司提供了免费的培训。她现身说法地分享了自己使用产品的体会，竟卖出去不少产品，这让她信心倍增。

范晴因为担任产品讲师而感到欣喜若狂，很多同事却抱怨连连（因为给经销商的培训是额外工作，不能影响原有的工作）。范晴深知任何行业都得从零学起，不如就在美容业深耕。就这样，范晴逐渐熬成了公司的资深讲师，她除了为经销商培训，还负责为新人提供入职培训，甚至负责公司面向全国的招商会。

你不妨想象一个画面：在五星级酒店最大的宴会厅里，一场化妆品的新品发布会正在进行。会场里坐满了身着华服的经销商。先是一批身穿黑色燕尾服的男模走上T台，男模完成产品展示后，全部退回到舞台的中央并站成一排。最后出场的是范晴，她优雅自信地站在舞台的中央,手握话筒,自信坦荡地展现着自己的美,娓娓道来。

无论你拥有怎样的起点,只要具备坚定的信念并持续努力,总能实现心中的梦想。事实胜于雄辩,范晴做到了,她用近乎完美的工作成果征服了公司领导。现在她已是化妆品行业的热门人物。要知道,运营一次成功的招商加盟会需要的是综合能力,这更能为公司带来相当丰厚的经济收益。

苦练语言的影响力

日本知名电视人荒木真理子在其著作《10秒沟通》中结合15年的实战经验,分享了很多提升语言影响力的实用技巧,值得借鉴。她说:"多数人一旦紧张,就会萌生赶紧结束的潜意识,内心逐渐焦躁,头脑飞速运转。语速跟不上脑速,又担心时间不够,于是说话越来越快。说话的目的始终是'沟通'。'讲故事'的节奏最适合表达,播音员播报新闻的目标是'每分钟300字',这是最便于传递信息的标准语速,连老人和小学生都可以听清并理解。换算下来正好是'10秒50字'。"[1]总之,简短精练的语言和清晰的思路需要通过在实践中反复演练来获得,语言的影响力也只有在这个过程中才会得到加强。

---

[1] [日]荒木真理子.10秒沟通[M].孙律,译.北京:北京联合出版公司,2018:62.

03

10个方法让你获得领导的认可

> 人人都有惊人的潜力,要相信你自己的力量与青春,要不断地告诉自己:万事全赖于我。
> ——纪德

27岁的彭柳在一家文化公司做文案,她自认为很有能力,但客户的挑剔和领导的否定让她越来越不自信。最近,她持续发烧却加班加点完成了一个项目,而在公司的庆功会上,领导对她连句肯定的话都没有。她很苦恼:为什么领导对她的努力总是视而不见?

关于工作本身的两点建议

找机会展现你的核心竞争力

  作为歌手,要想一举成名,就得有自己的成名曲。作为职业人,要想获得领导的青睐,就得有代表性的业绩,比如下列工作:领导不擅长的工作、其他同事不擅长的工作、其他同事都不愿干的工作、领导委派你的突发性工作、领导重视的工作……

个人的核心竞争力是指一个人所在的团队中其他成员不具备或具备但远弱于这个人的能力，让这个人无可取代的就是他的核心竞争力。因此，核心竞争力没有统一的模式，它因人而异，因境而变。通过展现自身的核心竞争力并获得领导的青睐，可以参考如下做法。

- ♥ 深入了解领导和同事们的情况，向他人学习的同时精进自己的突出优势。
- ♥ 梳理自己负责的工作，合理分配自己的精力并确保万无一失。
- ♥ 与其他各部门同事建立良好的关系并了解各部门工作的运作方式和主要内容。
- ♥ 推广自己的个人品牌，寻找展示自我的机会。
- ♥ 当机会来临时，不计报酬地付出努力并促成圆满的工作结果。

汇报工作的技巧

贾森·杰伊毕业于哈佛大学，现执教于麻省理工学院，也长期为世界 500 强企业的领导者提供咨询。他在《高难度沟通》一书中写道："当谈话不再是障碍时，一切就都有了可能。洛克希德·马丁公司[①]的研发主管布伦特·西格尔曾表示：'我曾经反复跟

---

① 洛克希德·马丁公司，Lockheed Martin Space Systems Company，简称 LMT，世界级的军工企业。

公司副总裁提议改变一个大型项目的实施过程，结果谈话陷入了僵局。在培训课上，我意识到我在谈话中表现得傲慢自大，不可一世。我决定让自己静下心来，开放胸怀，努力倾听。就在当天，我跟他原定 15 分钟的谈话延长到了 45 分钟，并且最终敲定了这件事。'"① 由此可见，"如何汇报"和"汇报什么"同等重要。

精练语言，直奔主题

对于身体而言，甩掉赘肉才有完美的曲线；对于汇报工作而言，剔除废话才能展现语言的魅力。麦肯锡公司有过一次惨痛的教训。当时，他们在争取为一家重要的公司做咨询。按惯例，他们会先到该公司采集信息并做初步诊断，以此赢得信任，再签订合同。令人遗憾的是，在信息采集结束后，项目负责人在电梯里偶遇了对方的董事长，董事长让他简单说说对此项目的看法和初步判断，负责人却没能说明白。最终，麦肯锡公司错失了这个项目。从此，麦肯锡公司要求员工凡事永远直奔主题，在最短的时间内把工作说清楚。这就是商界流传甚广的"一分钟电梯演讲"。女性日常使用的词汇量远多于男性，所以更加需要注意汇报的简练度、结构性和客观性。

敢于断言，避免模棱两可

把两边的道理都照顾到的观点不能叫"观点"，毕竟任何事情

---

① [美]贾森·杰伊. 高难度沟通[M]. 美同, 译. 北京：中国友谊出版公司, 2017：139.

都有两面性。你说话总是模棱两可，领导很可能会觉得你在浪费时间。真正经典的语言通常属于断言，比如，饭后百步走，能活九十九；饭前先喝汤，临老不受伤；树老根多，人老识多；不怕路长，只怕志短；三岁看大，七岁看老……

开展工作时会涉及很多决策，任何决策都包含了失败或成功两种可能性。总是持有模棱两可观点的人做决策的时间必然更长，瞻前顾后的情形更严重。向领导汇报工作无非是呈现过去的某种情况或为未来的某个决策提供信息，模棱两可的观点势必会增加决策的难度。因此，在与领导沟通时要敢于断言。但为了避免后续的不良影响，在断言之后一定要立即给出论据做支撑。

让数据帮你说话

在一段文字里，数字很显眼。在口语中，数字的特殊音频也更吸引人的注意。

王雅丹是一位测试工程师，她的表达方式和自身形象一样干脆利落。眼看年关将至，部门年度工作总结的任务又落到了她的头上。年会上，领导突然把汇报时间压缩了一半。王雅丹及时进行了调整，做了精练的汇报：

各位领导和同人，大家好！众所周知，我们是软件质量的把关人。在去年，我们完成了138个软件系统的日常测试和质量控制，提出了658条改进意见，开展了6次工具学习培训，编写了3本测试案例手册，编辑了58个测试文档，并主导了公司所有客户的系统功能需求设计。详尽的数据在我的书面报告中都有体现，请大家多指正。总之，我们有信心完成明年的目标，更好地提升评审的科学性和测试的准确性。谢谢！

领导们在听取报告时，通常有两种偏好：一种领导喜欢"看"（视觉型领导），一种领导喜欢"听"（听觉型领导）。对于视觉型领导，你就算说得天花乱坠，也不如做一份内容翔实、结构严谨的书面报告；而对于听觉型领导，出色的表达则会让你脱颖而出。很显然，王雅丹知道此次的汇报对象不止一位领导，所以她在书面和口头汇报上都做了充分的准备。

完善自我是获得领导青睐的捷径

完善自我从他人的建议开始

让我从一个心理实验说起。这个实验辐射了多所大学。工作人员问了学生两个问题：

- 如果下个月有一场公益捐款活动，所得款项将用来资助生病的孤儿，你会捐款吗？如果会，你打算捐多少？

❤ 你最了解的一位同学是谁？以你对他（或她）的了解，你觉得他（或她）会捐多少？

随后，专家们得到了一组原始数据。到下个月，他们在这些大学里组织了真实的公益捐款活动。于是，专家们又有了另一组数据。当他们把两组数据做对照之后，专家们发现：

❤ 多数人高估了自己的道德水平，他们实际的捐款数额远低于他们最初宣称的数额。

❤ 多数人精准地估计了他们了解的那位同学捐款的数额，预判和实际捐款数额相差无几。

由此可见，别人的建议就是完善自我的起点。尤其是我们身边了解我们的人，当他们向我们提出意见或批评时，无论我们内心多么不愉快，都应该认真对待。从某种程度上说，一个人如何对待别人的意见和建议决定了这个人的高度。

接受终身成长理论，培养成长型思维

女性人脑比男性大脑发育早半年到一年，所以，女孩儿通常会在小学时代独领风骚，不论是学习成绩还是理解力。但在男孩儿的大脑逐渐发育健全后，女孩儿便失去了得天独厚的优势。如果女孩儿在这个阶段没得到正确的引导，就容易怀疑甚至否定自己。这和长跑比赛中的一个常识类似：在长跑比赛中，选手若没有极强的心理素质，最好不要领跑，因为领跑要承受更大的心理压力。在人生的赛道上，女性更需要提升自身的心理素质，而训练成长型思维就是一个很好的办法。

美国心理学家卡罗尔·德韦克在《终身成长》[①]一书中指出：人与人之间的不同源于两种不同的思维方式，即固定型思维和成长型思维，前者使人裹足不前，后者则驱人奋进。面对同一张难度极高的试卷，具备固定型思维的人可能会认为"这太难了，不公平"，而具备成长型思维的人则会认为"这太有意思了，正好挑战一下"。一群人遭受工作上的失败，具备固定型思维的人会认为"看来我的能力真的不行"，而具备成长型思维的人则会认为"看来我需要换一种思路"。总之，后者从不会因为失败的经历而否定自己，他们认为只要不断努力，就会持续进步。

无论领导是什么性别、多大年纪，他（或她）一定很重视学习和成长，因为他们深知持续学习和终身成长的力量。如果领导发现你肯学习并乐于接受批评意见，自然会对你刮目相看。

修炼"赞美无影手"

"赞美无影手"的六字真经

谁都希望遇见值得自己信任的人，领导也不例外。实力或许

[①] ［美］卡罗尔·德韦克.终身成长[M].楚祎楠，译.南昌：江西人民出版社，2017.

会赢得领导的欣赏，但内在品质才能赢得领导的信任，比如，感恩之心、忠诚之意、欣赏之情、来自灵魂深处的敬重……你见过公司年会上同事们对领导的夸赞吗？通常是下面的这些内容：

- 领导，今年的节目太有意思了，比春节联欢晚会的节目还好看！
- 领导，您真是大手笔，年会的规模一年比一年大！
- 领导，您真有风度（针对男领导）/您气质真好（针对女领导）！
- 领导，您今年太有魄力了，一鼓作气收购了三家公司！
- 领导，您刚才的发言真的让我很激动！

可能你还会有很多不同的夸法，但所有这些都只能归纳为"有什么夸什么"的水平，对方听完一笑而过，过后想想毫无意义，甚至会有反作用。比如你夸赞了领导的外形，但刚好你们性别不同，领导可能会以为你在暗示什么，随即对你产生想法：如果他对你有意，可能会找机会回应你的暗示——而你可能会觉得那是骚扰；如果他对你无意，可能会避之不及——而你可能会觉得领导故意疏远你。再比如你夸赞了领导的一些管理决策，但其实你并没有参与决策的过程，所以，有些领导会认为你没资格评价。那么，到底怎样做才算是夸赞的高手呢？

其实，就是把"有什么夸什么"换成"要什么夸什么"。明白自己要的是什么，再实施"要什么夸什么"，效果就会完全不同。比如你需要领导进一步的支持，你就可以感谢领导对你的信任，把所有取得的工作成就归功于领导的支持；比如你需要领导多一些关注，你就可以夸赞领导的善意，让领导知道你对他的每一丝关爱都感怀在心……

修炼"赞美无影手"的几个注意事项

1. 明确你的内在诉求。

明确你要的是什么,这一点看似简单,有些人却想不明白。"要什么夸什么"的宗旨要求我们首先明白自己的沟通诉求,否则很容易沦为"想什么说什么"的一般水平。

2. 重复至少 10 次。

当我们听到别人的夸赞时,第一反应通常是,那可能是因为对方心情好。所以,只有重复多次,才会让人形成某种信念,认为自身的确具备了某种被夸赞的特质。只有多次重复,对方才会深信不疑。

3. 尽量变换夸赞的方式。

每次夸赞他人时,要尽量避免用重复的语言,否则不出三次,别人就会觉得不正常,或者形成你刚张嘴对方就想求饶的局面。这一点尤为重要,不过实施起来也不难,因为你所追求的沟通诉求必定是某种特质,而这种特质势必会有多种表现形式。简单来说,就是挖掘论据,让对方无可辩驳,直到深信不疑。

运用"赞美无影手"的过程是为他人树立某种信念的过程,某种信念一旦形成,后续的沟通就会变得易如反掌。在沟通之前要明确沟通目的,这样才有可能最终实现沟通目的,这是提升沟通能力的必要前提。完善自我包括提升沟通能力,这样的沟通技巧也能助你轻松获得领导的青睐。

尝试站在领导的角度看问题

吸引人们加入一家企业的原因总是千奇百怪的，但让人们想要离开一家企业的原因却千篇一律——与直属领导有关。赢得领导重视和欣赏的原因，绝不单纯是胜任工作。除此之外，还有与同事关系融洽、工作态度勤恳、为人热情和善。最重要的是与领导之间拥有融洽的关系，这一点应得到每个人的高度重视。

积极尝试并适应领导的沟通方式

每个人在潜意识里都更偏爱和自己相似的人。人与人之间存在相似性效应，比如老乡、同姓的人、校友、同一个俱乐部的会员或同一家美容院的会员。你总能找到或创造某种和领导相似的地方，进而获得领导的关注。

"现代管理学之父"彼得·德鲁克在《卓有成效的管理者》一书中谈到了"如何管理上司"的话题，他说："运用上司的长处，也是下属工作卓有成效的关键……不能靠唯命是从，应该从正确的事情着手，并以上司能够接受的方式向其提出建议……有效的管理者知道他的上司也是人，所以也知道他的上司一定自有一套有效的方式，他会设法探寻出上司的这套方式。所谓方式，也许只是某种态度和某种习惯，但这些态度和习惯却是客观存在的。"[①] 所以，留意领导的行为特征并尝试趋同是获得领导青睐的技巧之一。

用领导的思维方式看问题

十几年前，我曾经见过一位主管被他的总经理责骂，虽然他们二人当时都在总经理办公室里，门也关着，但因为责骂声太大，所以站在外面的人都听得清清楚楚。过了很久之后，那位被责骂的主管出来了，面红耳赤的他径直走向饮水机，给总经理倒了杯水又进去，我们听见他对总经理说："您先喝杯水再接着说！"我们听完就很诧异，我心底对这位主管也十分佩服。因为一般人被责骂后，满脑子都会想自己颜面无存或受了委屈，他却能用总经理的思维方式看问题，真是难得。

事后我问他："难道你心里就没有怨恨吗？"他平静地说："没有，因为我学历不高，当时是总经理把我招进来的，我心里一直都很感激他。再说，哪有不被领导骂的员工，他骂我说明他内心对我的期待值很高，肯定是我让他失望了。"听完他的一席话，我才真正明白他为何能做到不卑不亢。

我们在与领导沟通时，不要太在意自己的情绪，而要充分地站在领导的角度看问题。领导也会在和我们沟通的过程中观察我们的态度。通常来讲，领导很在意我们的能力，但更在意我们的

[①] [美]彼得·德鲁克. 卓有成效的管理者[M]. 许是祥，译. 北京：机械工业出版社，2011：90—91.

态度，一个肯学肯改、不断进步的人总能获得领导的青睐。换位思考是在与领导沟通时最需要做的事。

我发现身边有这样一种现象：有过创业经历的人一旦再度返回职场，往往能与领导沟通顺畅。这是为什么呢？我问过我身边几位尝试创业但失败的朋友，他们的说法竟然出奇地一致：我要是领导，我也会这么做！

换位思考不但很重要，而且很难，尤其是在我们没有对方的经历和格局时。

1. 很多人在工作中只把自己当成是执行命令的人，很少会主动思考问题。尤其是自己的领导爱指责和点评下属时，我们更容易回避并慢慢形成"不求有功，但求无过"的心理。殊不知这种心理限制着人的成长，也拉大了自己和机会的距离。

2. 我们要把自己当成问题的最后一道屏障。遇到问题首先想到的不是向上反映，而是去积极地寻找解决方案。这样一来，问题就能变成机会。在你权限范围以外的事情，你如果可以连同问题和解决方案一起汇报，一定能让领导刮目相看，甚至对你委以重任。

3. 最后，当我们试着问自己几个问题时，就会发现，我们认为的那点压力和领导的压力相比，真是不值一提，甚至这种反思过程还可以起到一定的减压作用。比如：如何完成公司交给我所在部门的年度任务？如何才能让部门的人员配置更加合理和高效？如何才能与相关业务部门建立更密切的合作关系？我所在部门最核心的竞争力是什么？

提升你的境界与目标

你见过为争坚果而互掐的松鼠吗？看它们争得不可开交，我们会觉得很好笑。其实，领导看我们与同事间的争斗时也会有类似的感受。发生冲突的双方的水平是相当的，至少在外人看来是这样的。所以，提升自身格局，具备和领导对话的思想境界和见识，才有可能改善领导对你的印象。

最后，我想说，不要因为领导的忽视而苦闷，因为你在获得领导的青睐之前，需要加紧提升业务水平，积蓄更多的正能量。一旦领导青睐于你，你却无法持续做出让领导满意的工作成绩，那将会让领导失望和痛心，并可能永远失去对你的信任和欣赏。所以，以平常心看待这件事，以最高效的执行力按照本篇的建议做准备吧！

04

那些压不倒你的突发性工作，会让你更强大

在年轻的颈项上，没有什么东西能比事业心这颗灿烂的宝珠更迷人的了。
——哈菲兹

李素菲是一家大型咨询机构的市场运营主管。她喜欢这份工作，因为她有机会接触前沿的管理难题，更能学到顶尖的管理理念。美中不足的是，她经常要出差，而且经常出一趟门要辗转好几个城市。最近她想参加一个权威的国际认证考试，公司却临时安排她出差。她感觉很崩溃，有一种失控感。她想过要辞职，但迫于生存压力和对下一次择业的恐惧，只得继续工作，最后她变得满腹牢骚、散漫拖沓。

为什么你总有那么多突发性工作？

不善于制订计划

一些人在工作中经常抱怨"计划赶不上变化"，其实在抱怨之前，应该先把计划拿出来好好分析一下。很多人之所以有此感受，是因为他的计划里根本没有包含变化。虽然大家的能力有高低之分，但大家拥有的时间总量一样多。时间是我们拥有的切实资本之一，要想在工作中游刃有余，就必须学会制订计划。而制订计划的难点主要在两方面：一是对每项工作重要与否的认知，二是对可供自己自由支配的时间多少的预估。突发性工作本身不是问题，问题是出现了大量的突发性工作，后者势必让人产生失控感（当然，秘书和助理类的工作除外，因为这类岗位的工作内容本身就是围绕领导的工作展开，几乎所有工作都是突发性的，因此非常锻炼人）。多数工作岗位的突发性工作只需要稍加留意就可以预估。要了解每天的工作时间中有多少时间是可以用来提前计划的，预留一部分时间，就不怕突发性工作的出现了。这是突发性工作到来之前，我们唯一可以做的准备工作。

与领导相关的三种原因

疏于和领导沟通

当领导无法掌握我们的工作进度和饱和度时，就会出现突发性工作。我们换位思考一下，这个原因就很容易理解了。领导通常想要对下属的工作情况全盘掌控，但下属人数众多、部门工作压力较大或自身精力不允许时，领导便会退而求其次，即只要每个人看上去很忙碌就好（至少会安心一些）。因此，疏于沟通是导致大量突发性工作产生的重要原因之一。

领导的某种心结

人的内心复杂多变，人际关系更是纷繁复杂。领导也是人，他心里也会出现某种心结，导致其做出故意刁难下属、考验下属或依赖下属的行为。想要拥有心仪的工作节奏，就需要付出一部分时间和精力与领导建立良好的关系。今天和你无话不谈的同事明天就可能是你的领导，职级变化难免会对原有的关系产生冲击；一向温和洒脱的领导可能因为私人的原因不得不暂时离开，所以他很可能一夜之间变得敏感、挑剔，因为他要选择忠诚且务实的接班人；一些满足现状的领导可能把重心放在了家庭上，所以会给自己信任的下属分配超负荷的工作内容。面对大量突发性工作，我们只有了解领导的心结，才能找到解决问题的办法。

领导的管理风格所致

有些领导朝令夕改，这就害惨了那些听风就是雨的下属；有些领导疑心很重，经常让多个人完成同一项工作，导致大家浪费过多的时间和精力，积压大量工作；有些领导完全放手，也给了下属们成长的空间，但下属成员之间缺乏默契，也会导致沉没成本的产生，使大量工作积压……不同的性格会形成不同的领导风格，但我们不该挑剔领导，而要悉心了解和分析领导的管理风格，努力适应。

工作面临的客观市场行情

受全球金融市场和网络科技的影响，很多行业都面临着格局的调整和空前的竞争。很多职场人所要承担的工作量和所需掌握的技能也与日俱增。但从宏观发展的角度来看，这是一件正常且向好的事情。我们的物质水平逐渐提升，医疗条件越来越好，生活半径越来越大，视野也越来越开阔，我们所需承受的工作压力也会增加。这是客观事实，我们无力改变。即使你只想保持现状，也需要非常努力，因为逆水行舟，不进则退。

如何处理突发性工作？

勤于汇报

适用情境：疏于沟通，所以领导不清楚下属的工作状态。

很少有领导以某位下属为中心，并对其具体工作的各种细节了如指掌。很多人知道勤于汇报的重要性，但每次见了领导，内心却很抵触。有些人不屑于和领导亲近，总担心同事会说自己溜须拍马；有些人不自信，总觉得言多必失，不如保持距离。其实，采用网络手段及时向领导汇报不失为一个适宜的方法，汇报的重点是工作进度和饱和度。

汇报工作进度是为了避免被领导催促，汇报工作饱和度是为了避免领导给你安排更多突发性工作。尤其对于那些关注细节、事必躬亲的领导，一定要多汇报。有些领导因为没真正掌控你的工作，总觉得下属在混时间，所以才会给下属指派各种突发性工作，让下属忙碌不堪。

日本知名广告人川上彻也在《一言力》一书中谈到了"语言肥胖症"。他说："有必要对语言进行一次彻底的瘦身了。"书中提到京都大学研究生院下田宏教授的一个研究成果："人类在不转动眼球的情况下，能够一次性辨认的文字数为9~13个。无论文字是从左到右，还是从上到下，对研究结果没有影响。"[①] 享誉全球的管理大师肯·布兰佳和克莱尔·迪亚兹－奥尔蒂斯也在《一分钟导师》中说："我们会发现我们曾接受过的最好建议，以及我们所给出的最好建议往往都少于一分钟。换句话说，真正实用的、带来改变的建议不会又长又烦琐，它们总是短而有意义，且富有洞见。"[②]

借助日程表

适用情境：工作量超负荷。

每个优秀的管理人都有日程表情结，他们深知计划的本质（计划一旦被制订，就注定要被随时更改）。当然，要更改的是方式方法，结果总是不变的。下次见领导时，你不妨带上你的计划。如果领导给你分派突发性工作，你就拿出日程表给领导看，和领

[①] [日]川上彻也.一言力[M].王雨奇，译.北京：北京联合出版公司,2017：前言第17页.
[②] [美]肯·布兰佳,[美]克莱尔·迪亚兹－奥尔蒂斯.一分钟导师[M].张子奕，译.北京：中信出版社，2018：V.

导沟通如何调整手头的工作。每项工作都有截止日期,当工作量无法减少时,争取延迟一些工作的截止日期也会轻松些。

转授他人

适用情境:领导故意刁难,但工作内容毫无挑战性。

有时候,你会感觉领导在故意刁难自己。无论是故意刁难,还是存心考验,领导一定在等着看你的表现。所以,只要把工作完成就行,至于你如何完成,没必要让领导知道。比如你可以转授他人。你或许会想,转授他人哪那么容易?别人凭什么帮我?

能否顺利授权与你是不是领导没有直接关系,很多领导都苦恼下属阳奉阴违,也有很多普通员工为自己营造了一个"通达"的局面,这取决于你的社会资本[①]。美国FBI(美国联邦调查局)前特工杰克·谢弗和普林斯顿大学心理学博士马文·卡林斯合作完成的《像间谍一样观察》一书中谈到了"互惠法则":互惠法则是社会规范,也是一种很有效的交友工具。"当你对别人微笑时,对方会觉得有义务回报以微笑。微笑表示接受和喜欢。人们喜欢被别人喜欢。一旦你意识到对方喜欢自己,就会触发互惠原则。一旦人们发现自己被某人喜欢,就会觉得对方更有吸引力……下次有人感谢你帮忙时,别说'不客气',而要说'我知道你也会这么帮

[①] 社会资本指个体或团体之间的相互关联,社会网络、互惠性规范和由此产生的信任是人们在社会结构中所处的位置给他们带来的资源。

我的'。这种回应能激发互惠行为。"[1] 所以，经常想想自己能帮别人什么忙，在不影响工作的前提下伸出援手，在你自己有难题时，自然就更容易解决。

巧妙示弱

适用情境：领导故意刁难，但工作难度超乎想象。

在某种程度上，我们可以给那些故意刁难下属的领导贴上"心胸不够开阔"的标签。面对这种情况，我们需要学会示弱（逞强或对抗都无法从根本上解决问题）。适当的工作难度可以激发人的动力和潜能，但挑战超过一定的限度，人就会感受到压迫和无力。那么，向领导坦言总比耽误工作好。

另外，领导可能需要获得某种程度的优越感，比如家庭背景、婚姻状况、自身条件等，而你可能刚好在这些方面比领导好，这时候，你也需要巧妙示弱。有缺点的人更真实，也更可爱，不是吗？

适当拖延

适用情境：领导习惯朝令夕改。

冲动和执行力强并不是一个概念，听风就是雨的人不懂得给自己留出思考的时间。工作需要用力，更需要用心，谋定而后动，才

---

[1] [美]杰克·谢弗，[美]马文·卡林斯. 像间谍一样观察[M]. 谭永乐，译. 北京：中信出版社，2019：108—109.

是执行力的正解。了解每项工作的截止日期并进行最优筹划是管理者应具备的能力之一。我们面对每项工作时，头脑里冒出来的第一个问题绝对不应该是"如何把它完成好"，而应该是"如果这项工作完不成，我将面临什么后果"。后面的这个问题是在帮我们分析工作的重要性。你只有处理了重要的事情，才能变成重要的人。

梳理总结

适用情境：你足够优秀，领导对你无比信任。

万黛柔女士是一家大型设备生产厂的销售员，生性散漫的她不喜欢带团队，但基于多年销售工作的积累，她在全国拥有一定数量的客户群，因此她有很多自由的时间可以兼顾家庭。从去年开始，企业的高层由于某种原因进行了一轮调整，她的直接领导也被调离岗位，新任领导比之前的领导年轻许多。这一年多以来，万黛柔感觉很疲惫，因为新任领导给她分派了很多零散性的工作。最近让她抓狂的是新任领导竟然给她配了一个助理，而这位助理非但没有丝毫经验，还根本支派不动。可她又是新任领导的外甥女……

万黛柔的这种烦恼其实是幸福的烦恼，因为她已经赢得了职业发展最有力的底牌——领导的认可。很显然，万黛柔原来的领导向新任领导交代过她的情况，所以新任领导才会想要充分发挥她的能量，更是把自己的亲戚安排给她，想要"偷师"。或许万黛柔很享受之前的工作状态，不想担任管理职务，但那一身的经验和丰厚的资源怎么可能被领导忽视。于是她决定，不如调整心态，趁势将自己的经验集结整理，提升自己的影响力，然后与领导来一次深度沟通，表明自己的职业发展目标，领导也就无话可说了。

如果你也有类似的苦恼，不妨留心回顾一下领导与你之间的关系，审视一下自己手头的工作，其中是否包含了领导的私事——这通常是一个信号：能把私事交给你的人，必定是信任你的人。所以，是时候培养你自己的接班人了。能者多劳，至少你在领导心目中堪当重任。唯一的禁忌是：你需要放开胸怀，别指望抱着自己的经验和能力永远高枕无忧，更别担心教会了别人后自己会被取代。经验通常是有期限的，过时的经验往往会限制人的思维，及时总结的经验才更有参考价值。

换个角度看待所有苦难

小心"心理防御机制"骗了你

人天生是趋利避害的。面对意料之外的情形，人的第一反应通常是抗拒，这属于人的"心理防御机制"。但我们不得不承认，正是过去的那些困难和挑战锻炼了我们，让我们拥有了现在的成就。所以，别让这种天然的"心理防御机制"骗了你。人类之所以有别于动物，就是因为人能意识到并会避免这种原始的心理反应。接纳并拥抱苦难，才能让自己得到长足的发展。

把你的负担变成礼物

印度著名诗人泰戈尔说过：你的负担将变成礼物，你受的苦将照亮你的路。

加拿大畅销书作家尼尔·帕斯理查原本是一个普通的上班族，每日挣扎在客观压力和主观焦虑当中。他经历了两次婚姻的破灭，以及挚友跳楼自杀带来的思想冲击。在几近绝望后，他重新理解了生活。他创立了全球第一个记录美好生活的个人网站，获得了无数人的关注和传播，其著作《生命中最美好的事都是免费的》在出版后也获得了被誉为互联网奥斯卡之称的威比奖（The Webby Awards）最佳博客奖，他也被称为"世界上最幸福的人"。

莫里教授的生命之光

莫里是一位真诚、幽默又博学的老教授，他热爱跳舞，更爱他的学生。但他因患肌萎缩侧索硬化症[①]，不得不面对生命即将终结的厄运。

[①] 肌萎缩侧索硬化症（Amyotrophic Lateral Sclerosis，ALS），即渐冻人症，是一种神经退行性疾病。

这种病如同一根蜡烛，不断使人的神经"熔化"，使躯体最后变成一堆蜡油。莫里不甘心就这样悄无声息地死去，他决定勇敢地面对死亡。他和他的学生美国专栏作家米奇·阿尔博姆相约每周二畅谈感想，无论病痛多么彪悍，他都坚持到了最后。米奇·阿尔博姆整理出版的书籍《相约星期二》让我们有幸了解到一个"将死之人"的思想和感受，更学习了其乐观的精神和生活的智慧。莫里的生命之光照亮了全世界。

突发性工作的益处

当你为大量突发性工作烦恼时，你的职业发展却因此而柳暗花明。

梁万紫原本只是一位默默无闻的销售员，她没有什么社会资源和销售经验，但技术研发出身的她具备强烈的工作动机：父亲的公司负债累累，而且父亲生命垂危，她无法继续从事技术研发工作，必须更换到销售岗位，才有可能大幅提升收入。梁万紫每天上午要打上百个电话寻找意向客户，下午需要积极配合销售部的同事与客户沟通与技术相关的事宜。虽然几个月下来她依然一无所获，但她的工作态度得到了大家的认可。梁万紫的部门领导因为女儿生病，临时将一个重要投标项目的技术协调工作委托给她，她完成得非常好。董事长发现，一向强势挑剔的销售部领导竟然对一个销售员连口称赞，便将一个意向客户委托梁万紫负责，而梁万紫不辱使命。不到半年，梁万紫就签下了第一个项目,而该项目的提成比她一年的收入还高。

杨心平是一家婚礼策划公司的项目主管,她身边的朋友都很羡慕她,因为她的工作就是面对婚期将至的新人、穿梭于浪漫的婚礼中并见证美好的爱情,但只有她自己知道,作为婚礼策划公司的项目主管意味着要操持多少烦琐的细节、关注多少敏感细腻的关系。半年前,公司内部开始推行合伙人模式,她便第一个申请成为公司的合伙人。虽然公司高层略感惊讶,但她的同事们并不意外,因为她在平日里的工作中早就习惯了处理各种突发性工作,同事们有问题也习惯向她求助。这也可能是性格的原因——她一向古道热肠。杨心平对于自己统筹安排时间的能力非常自信,她庆幸公司推行这种制度,能者多劳,多劳多得。

法国作家米兰·昆德拉在其著作《不能承受的生命之轻》中这样说道:"从现在起,我开始谨慎地选择我的生活,我不再轻易让自己迷失在各种诱惑里。我心中已经听到来自远方的呼唤,再不需要回过头去关心身后的种种是非与议论。我已无暇顾及过去,我要向前走。"梁万紫懂得发挥自己的优势,并且圆满地完成了领导和同事委托的突发性工作,才获得了董事长的青睐。无论自己多忙,杨心平也愿意帮助同事。通过那些突发性工作,杨心平也提升了自身的能力,也才拥有了异于常人的魄力,成为公司的第一个合伙人。他人委托你做事时,其实也给了你一把钥匙,而这把钥匙有可能会开启你生命中崭新的历程。

05
如何应对职场各阶段的力不从心

我们常常听人说,人们因工作过度而垮下来,但是实际上十有八九是因为饱受担忧或焦虑的折磨。
——卢伯克

新人时期感觉工作力不从心，怎么办？

毛安安的不安

室内设计专业应届毕业生毛安安在一家设计公司担任设计助理。入职后，她发现无论是软件操作的技巧，还是与工作相关的业务知识，学校所学和工作实际要求都有很大落差，尤其是和从业经验丰富的老同事相比，她感到有些自卑和不安。后来她努力调整了状态，并很快通过切实的行动脱颖而出。

快速适应新工作的四条建议

积极心理学领域的先锋实践者肖恩·埃科尔在其著作《快乐竞

争力》[1]中说:"心理学家发现,在生产率、快乐和健康上的收获与我们实际拥有多少控制力关系不大,而更多地与我们认为拥有多少控制力有关。那些工作和生活中最成功的人拥有'内控点',即相信他们的行为对结果有直接影响,而那些有'外控点'的人更可能将各种事件视为由外部力量所决定。"虽然谁都会经历新人期的迷茫,但这往往也是进步最大、吸收信息速度最快的阶段。在感到力不从心的同时,只要不断努力,成长就指日可待。

- ♥ 锁定一位经验较丰富且性格和善的同事,多向对方请教。
- ♥ 抓住每次与相关部门的同事建立友谊的机会,吸收更多、更全面的信息。
- ♥ 全身心对待工作,不失时机地展示自己。
- ♥ 勤能补拙,要不吝啬加班,用时间弥补工作效率低的弱势。

后来,毛安安全身心地投入工作:她反复推敲自己负责户型的格局,并多次实地测量(以至于她对每个空间的尺寸都如数家珍);她对不同的材料配色都制作了效果图(这样便于甲方有更直观的认识);她和一位经验丰富的女同事关系日渐亲密,从前辈那里学到了很多经验。在一场有领导出席的初步方案研讨会上,毛安安扎实的准备赢得了甲方的欣赏,领导自然也对毛安安的发展给予了更多关注。

---

[1] [美]肖恩·埃科尔.快乐竞争力[M].师冬平,译.北京:中国人民大学出版社,2012.

工作时间长,能力却停滞不前,怎么办?

职场中的力不从心

狄从宁是一家食品代理公司的商务代表,起初她对自己的待遇和公司环境都很满意。但自从孩子出生以后,她日渐感到力不从心,因为家离单位太远,她又经常出差,而且她和婆婆的关系也开始有些紧张。有一次,她请假带儿子去看病,公司出现紧急事务,老板便安排一位新员工代替她出差去谈合同。这位新员工到公司不足半年,但很勤奋,也很讨人喜欢。对此安排,狄从宁无话可说,内心却隐隐感到了危机……

三个小建议

职业幸福感的来源包括优越的环境、不断拓展的眼界、潜能的释放、职位的升迁、收入的增长和社会的认可。当这些因素好几年都没有改变时,人就会很容易滋生消极情绪。所以,针对这种情况,我们需要从以下措施入手,调整自身状态。

- ♥ 主动与领导沟通,申请部分工作内容的调换或尝试在工作中接受更大的挑战。
- ♥ 向专业人士咨询,制订适合的学习计划,提升自身能力,迎接实际挑战。

- ❤ 寻找导师或阅读书籍，从其他人成长的故事中汲取智慧和精神养分。

不久之后，狄从宁的婆婆突然生病了，这促使她开始采取行动，那份隐忧在行动之后也终于得到化解。

- ❤ 她主动和领导进行了沟通，提出想要担当内训师的意愿。领导给予了大力支持。她不再出差，将部分精力用于总结工作经验并分享给新人。
- ❤ 她开始学习英语网络课程，便于后续能直接和国际品牌食品商进行谈判。
- ❤ 她购买了一些有声书，充分利用了上下班路上的时间。
- ❤ 婆婆的病因为抢救及时并无大碍，忙乱之后的她才知道婆婆的重要性，所以她开始真心地感恩老人家，并尽量避免双方出现无谓的争执。

跨行业跳槽，感觉工作力不从心，怎么办？

汪晓霜傻眼了

汪晓霜在一家广告公司工作几年后，总觉得应该深入企业的实际管理，便抓住机会，跳槽到了一家制造业公司工作，担任品牌推广部经理。来新公司上班没两周，汪晓霜就发现了很多问题。这家公司是典型的家族企业，财务部、人力资源部和行政部的领导是老板的亲戚，这些人不仅不懂品牌推广，也不重视品牌推广。汪晓霜发现自己根本无法深入了解公司的内部运作，虽然她在开会时提出的一些初步想法能得到大家一致同意，但散会后，根本没人配合她。老板看上去是支持她的，但私下却告诉她不能影响公司的士气与和谐，既然大家在会上都同意了，工作如何推进，就要看汪晓霜自己了。总之，她觉得自己就像一滴油，一不小心滴入一盆清水之中：根本无法融入，更无从开展工作，有心无力。

汪晓霜到底该怎么办？

美国作家彼得·C. 布朗、亨利·L. 罗迪格三世和马克·A. 麦克丹尼尔在《认知天性——让学习轻而易举的心理学规律》一书中强调"欲求新知，先忘旧事"，他说："学习新知识有时候就是要忘掉一些东西，这一点很难理解，但又非常重要……跳伞学校的培训也是一个例子。从军队退役后，不少伞兵想当一名跳伞消防员。和军队相比，跳伞消防员搭乘的飞机不同、设备不同，跳伞规则也不一样。在军队接受过跳伞培训其实是跳伞消防员的一大劣势，因为你必须得忘掉已经成为条件反射的跳伞程序，用新知识替换旧知识。虽然在外行人眼里，这两项工作都是背着降落伞从飞机上跳下来，没什么区别。但是，只要是想学习新知识，你就必须忘记与复杂旧知识相关联的线索。"[1]

---

[1] [美]彼得·C. 布朗，[美]亨利·L. 罗迪格三世，[美]马克·A. 麦克丹尼尔. 认知天性——让学习轻而易举的心理学规律 [M]. 邓峰，译. 北京：中信出版社，2018：85.

对于汪晓霜的苦恼，相信跨行业跳槽的人会有共鸣。她从未做过实体公司的企划工作，只是站在广告公司的角度上理解企业运作，所以会感到独木难支。要想真正帮助公司提升知名度和美誉度，她就必须沉下心来，了解公司的方方面面，更新原有的知识架构，逐步赢得公司管理层的信任。

- 首先，她必须调整心态。跨行业跳槽通常会有一段"清闲期"，要多观察、勤学习，为后续的融入和发展搜集信息、积累人脉。
- 其次，她应该适当利用老板的威信，从最有把握的小计划开始，做出一些让大家有目共睹的业绩。
- 最后，人体存在"排异反应"，组织中也会有类似现象，即排斥新人。大家的观望态度或阳奉阴违一定是暂时的，她要学会隐忍，提升情商，才会收获职业幸福感。

心情不好导致力不从心，怎么办？

心情不好导致的连锁反应

如果人的心情不好，大脑就会变得迟钝，脾气也容易变得执拗，遇事时思想就容易偏激，比如：

- 容易和同事或领导产生冲突（置和谐的工作关系于不顾）。
- 容易冲动，甚至和客户翻脸或向老板辞职（置自身的收入和发展于不顾）。
- 容易滋生放纵的行为，比如暴饮暴食、熬夜等（置身材与形象于不顾）。

就让坏心情停留在坏心情的层面

积极心理学的奠基人之一埃伦·兰格在其著作《专念：积极心理学的力量》中说："人们总是不遗余力地消除那些让人感到不快的想法，但要搞清楚的是，这些痛苦并非源自专念意识的状态，而是源自对于痛苦事件的肤浅认识。如果大家从全新的角度来审视这些事情，那么相关的痛苦就更容易被驱散……实际上，在面对重压的时候，从多个角度进行思考更有助于减压。"[1]

生活是一篇华丽的乐章，总有低音和高音。当心情不好时，尝试调整心态的任何方法都可以起作用，但千万别让自己的负面想法付诸行动，就让它停留在坏心情的层面，别让它毁了所有。对于舒缓坏心情，最行之有效的方法首先是全盘接受它，然后用心去感受它，看它反应在你自己身体的每个部位时是怎样的一种感受，并结合缓慢有力的呼吸进行内观。很快你就会发现，坏心情就像一朵轻飘飘的云，会快速飘过你的世界，不知所踪。

---

[1] [美]埃伦·兰格. 专念：积极心理学的力量 [M]. 王佳艺，译. 杭州：浙江人民出版社，2012：194.

总之,当你感觉工作力不从心的时候,一定要重视并遵循以下步骤进行自我调适。每个职场人士或多或少都会经历这种感受,但真正压垮我们的不是工作本身,而是长久忽视这一现象最终导致的心理崩溃。

- 审视自己的身体状态,如果是身体健康方面的原因,一定要积极调整或治疗。
- 记录你的情绪日记,至少坚持一周,包括你内心的感受和引发这种感受的事由。
- 对引发你力不从心的所有事由进行梳理,并将其分成两类,即可控与不可控。
- 对于不可控的事由,努力换个角度思考,因为万事都有两面性,试着朝积极的方面去想。
- 对于可控事由,积极制订计划,全力改变,要相信事在人为。
- 在此过程中,可以随时向自己信任的良师益友倾诉,不要奢望能听到多么专业的意见和建议,倾诉本身就是最好的舒缓压力的方式。

06

找准职业锚，
实现连级跳

斗争的生活使你干练，苦闷的煎熬使你醇化，这是时代要造成青年为能担负历史使命的两件法宝。
——茅盾

樊灵在大学毕业后，拗不过父母的软磨硬泡，回了老家，在通信公司的呼叫中心工作。工作虽然轻松，却很单调。在6年的时间里，乏味的工作和沉闷的环境让她变得麻木。虽然还不到30岁，但她经常觉得自己的一辈子也就这样了。

乏味的工作或恶劣的环境会导致"脑死亡"

《环境与职业医学》杂志①曾发表了一项研究：长期单调无聊的工作或恶劣的工作环境会对人类步入老年后的认知产生不良影响。该研究由美国佛罗里达州立大学的约瑟夫·格日瓦奇博士主持。

长期面对乏味的工作，大脑接受的刺激会越来越少，这会导

---

① 《环境与职业医学》杂志是由上海市疾病预防控制中心和中华预防医学会主办的学术性期刊。

致神经的衰亡和某些区域功能的下降，如学习新技能、统筹时间、集中注意力等能力。同时，记忆力也会下降，女性在这方面的表现尤为突出。约瑟夫说："大脑的诸多功能就像肌肉，如果不经常锻炼，就会慢慢消失。"

恶劣的工作环境对人的认知能力有长期影响。认知能力是指人脑加工、储存和提取信息的能力，即人对事物的构成和性能的把握能力，是人顺利完成各项活动的心理条件。约瑟夫说："为了员工的长期健康，工作环境必须不断得到改进。"

女性的职业定位

重新回到起点进行反思

很多人在求职阶段茫然无措，四处撒网，有面试机会就去，最后在不多的机会里挑选一个。一段时间后，又发觉这份工作并不是自己想要的……

如果你发觉自己不再成长，并且对未来感到担忧，你就需要重新回到起点反思：我要的到底是什么？这就是我想要的生活吗？

哥伦比亚大学商学院教授希娜·艾扬格在其著作《选择——为什么我选的不是我要的》中强调"选择是寻找自我的过程"，她说:"我们在平衡个性与选择这个问题上面临挑战,就是因为选择不是简单的个人行为,而是一种社会行为,是在社会各种力量间寻求平衡。也正因为如此,选择要求我们更深层地,既从自我认知的角度,又从他人感知的角度思考我们是谁。"①

女性职业生涯发展中的根本问题

女性在晋升为人母后,才会真正感到时间和精力的匮乏,职场妈妈尤其如此。她们觉得自己仿佛被一根绳索捆绑着,一端是工作,一端是孩子,而且它们始终在向着相反的方向拉扯。你很想事业有成,让孩子骄傲,但你也想多陪孩子。于是,你思考的问题也越来越实际,比如,你的核心竞争力是什么?你如何发挥这些优势?而这些正是女性职业发展中的关键问题。

你要找的工作需要符合 5 个特征

简单来说,理想的工作是符合以下特征的:

- ♥ 你喜欢。因为兴趣是最好的老师。
- ♥ 你擅长。因为企业很看重经验。
- ♥ 有发展。每个人都应关注自己职业的可持续发展性。

---

① [美]希娜·艾扬格. 选择——为什么我选的不是我要的 [M]. 林雅婷, 译. 北京: 中信出版社, 2019: 113.

- ❤ 回报高。回报不仅包括收入，更包括归属感、领导的信任和他人的认可。
- ❤ 有成长。中央电视台记者、主持人史小诺在《40而立，也不晚——遇见大咖背后的故事》一书中讲述了她创办并主持财经人物纪录片《遇见大咖》背后的故事。她说："我的朋友，尤其是看到我每次为联系嘉宾，痛苦不堪、惶惶不可终日的时候，都特别不理解……每一次面对这样的心疼、劝诫，我只能无条件地承认，我是有病，我真的有病，清闲日子我能过，过几天是可以的，但如果是从40岁就开始清闲了，人生还那么长，我肯定会疯掉的……我其实就是想做事情、爱做事情，否则我真的感受不到我活着的意义和价值……采访了那么多优秀的人，即便愚笨如我，也被这些大咖的专注、投入和坚持感染了。所以，我怎么可能停下脚步？"①

总之，符合上述5个特征的工作值得寻找，从中得到成长的感觉令人着迷，值得每个人去寻找。

女性的职业生涯规划

雪莉女爵的传奇故事

斯蒂芬妮·雪莉女爵是个犹太人，她是英国最早的资讯科技公司 Freelance Programmers 软件公司的创始人。她出生于德国，"二战"时期迫于纳粹德国的阴影，才逃亡到英国，在英国的寄养家庭中长大。虽然她数学成绩很好，但那时没有一所开设数学专业的大

---

① 史小诺. 40而立，也不晚——遇见大咖背后的故事[M]. 武汉：长江文艺出版社，2018：144.

学愿意录取女生。无奈她只能选择工作。下班后,她就去夜校学习,最终拿到了数学学士学位。最初创业时,她要兼顾家庭,所以她做了如下决定。

- 她只招收女性,尤其是婚后被迫离开工作岗位的女性。
- 办公地点就在她家。
- 为有生育需求的员工提供能在家完成的工作内容。
- 向员工提供股票分红和利润分红。

为了有机会见到客户,她用了非常男性化的名字"史蒂夫"。就这样,她逐渐打开局面并不断扩张。1996年,当她的公司在伦敦证券交易所上市时,这家估值超过30亿美元的公司让70名员工成了百万富翁。2015年,她在TED讲台上讲述自己的人生故事时,笑着说道:"你可以从头形来分辨那些有野心的女人,她们的头顶很平,那是经常俯下身子让人拍打的结果,而且她们还有足够大的脚,足以走出厨房那一小块空间。"

女性职业发展的四个阶段

年龄不是职业生涯绝对的分水岭,但每个人在自身发展的每个阶段都有特定的压力。

适应与经验积累期

- 适应职场。每个人适应职场所需的时间长短不同,但总要在这个阶段完成。

- 职业定位并非一劳永逸，每个阶段都需要思考，而且越早越好。你可以参考职业锚理论[①]的测试结果。职业锚理论由美国著名的职业指导专家埃德加·H.施恩教授提出。它可以帮助你发现自身优势、准确定位，并找到适合自己的岗位。人一旦确立了自己的职业锚，工作就会更积极，效率也会更高。

- 你需要形成健康的单身观，让自己过得充实、快乐。很多单身女性过得很不快乐，总奢望婚后能快乐；还有一些女性总希望婚姻能解决一切问题，殊不知婚姻本身才是最大的问题。如果你认为自己还不成熟，千万别急着嫁人。只有做到不慌张，幸福才会稳稳地降临。

成长与层级分化期

- 在明确职业定位后，要初步设计自己的职业通道（即一个人的职业发展计划）并抓住每一次机会向前迈进。

- 慎重选择朋友，因为你的精力有限，经营友谊需要时间。

- 认真思考婚育问题，考虑生育对自身职业发展节奏的影响。

成熟与职位定位期

- 积极寻求发展方向，这个阶段最出成果。

- 密切关注内部晋升、调岗、跳槽、创业等机会，顺势而为。如果不试试，你就永远不知道自己有多厉害。

- 关注亲子话题，无论你此时是否已为人母。

[①] 职业锚（Career Anchors），又称职业系留点，职业锚实际就是人们选择和发展自己的职业时所围绕的中心，是指当一个人不得不做出选择的时候，他无论如何都不会放弃的职业中的那种至关重要的东西或价值观。

进化与职业瓶颈期

- 打造自己的个人品牌。
- 用自信的态度和切实的业绩突破职业瓶颈，更上一层楼。
- 注重身心修为，关注健康与养生。

越乏味的工作越需要优化

在哪里存在，就在哪里绽放

我们谁都无法选择家庭和出身，对于一小部分人来说，工作可有可无；对于大多数人而言，工作是生存手段。所以，当我们必须要依靠手上的工作维持生计时，就需要有随遇而安的心，不能单纯因为无趣而抱怨。我信奉一句话：没有平凡的工作，只有平凡的工作态度。德国知名培训师苏珊娜·克莱因汉茨在其著作《女人的八种人格》中说："我们女人不是外界强权的牺牲者，而是自己心墙的牺牲者……扫除心路上的绊脚石，是我们掌控自己所必须经历的阵痛。"[1]

在哪里存在，就在哪里绽放。不要因为难过，就忘记了散发芳香。我见过让人心生敬意的餐厅服务员，她让你感觉她端的不

---

[1] [德]苏珊娜·克莱因汉茨. 女人的八种人格[M]. 胡伟珊，译. 北京：中国出版集团和现代出版社，2015：序言第3页.

是一份炒菜，而是对你的关照和对自己的尊重；我见过用心做事的保洁员，她做事的态度让你想把她当家人一样对待；我见过航空公司优秀的地勤人员，他们严谨的工作作风传递给你的是一种安全和信赖。总之，当你觉得工作乏味时，这通常意味着你已经可以完全掌握其中的技巧了。那么，不妨耐心地总结一下工作，看能否从其中找出可以规范化、流程化或标准化的地方，让自己精益求精，重新发现工作中的挑战和乐趣。

工作时带上你的灵魂

如上所述，因为你完全可以胜任现有的工作，又没有发现可以精进的空间，所以就会在工作中出现毫无技术含量的失误。大脑运作的特征之一是"用则进，废则退"，毫无压力的工作总会使脑部退化，进而导致工作中的失误频发。如何才能在工作中带上灵魂？除了一份精益求精的精神，还需要对工作所涉及的其他人抱有爱和关怀（即使你的工作可以独自完成，你的工作成果也必将为人所使用或与人有关）。

我在飞机上遇到过一件事。空姐在发放午餐时问我："女士您好！鸡肉面和牛肉饭，您选哪种？"我说："牛肉饭，谢谢！"然后，她竟然告诉我："没有牛肉饭！"说完又连忙道歉："对不起，我忘了，牛肉饭发完了，您看鸡肉面可以吗？"虽然这是个细微的失误，但为什么会出现这种失误呢？因为她只是在卖力工作，并没有用心。工作时若不带上灵魂，人就会被惯性牵引，不再开动脑筋，慢慢走向"脑死亡"。

探索全新的领域

孩子的未来拥有无限种可能，所以我们看见孩子总会充满喜悦。而我们自己呢？如果我们也能不停地探索世界，接受新鲜信息的刺激，我们也会拥有更多种可能。绝美的风景总要在人不断向前迈进时才会出现。同样是人，人与人之间生活的境遇和领略的景致却有天壤之别。探索全新领域可以有效地对抗乏味的工作。毕竟工作不是生活的全部，只是因为工作乏味就放弃生活，未免有些可惜。所以，不如想办法让自己变得更有趣，让生活更丰富多彩。

好好培养自己的兴趣

一名化妆品推销员的网络奇遇记

焦傲雪是一位化妆品推销员。她每天守着自己负责的一排货架，工作对她而言没有成就感，也没有乐趣，但这份工作最大的优点就是可以按时下班，而且单位离家很近。她每天都能从容地买菜，然后回家做饭、煲汤，并幸福地等着男朋友回家。有一次，男朋友的同事到家里吃饭，对她做的饭菜赞不绝口，还建议她在一个小程序上发图分享经验。禁不住对方的鼓动，她很快就有了信心和冲动。于是，焦傲雪慢慢研究起美食来，还买了好多书回家看。男朋友非常支持她，因为经常可以吃到她新研发的菜品，每次他还会热烈地点评一番。就这样，焦傲雪守着这份美好的爱情，研发出了上百种新菜品，拍照、配图，分享每一个操作步骤到网上，成了她最大的乐趣。时光是公正的，你把精力放在哪儿，成果就出现在哪儿，尤其是你不带有任何功利心的时候。焦傲雪不但成了一名网红，还吸引了不少广告商，有了丰厚的收入。

布雷克里的传奇故事

萨拉·布雷克里是美国女式内衣公司 Spanx 的创始人。她的第一份工作是卖传真机，而且一干就是 7 年。当然，她推销的方法就是打电话和去拜访陌生人。被客户拒绝早已司空见惯，她内心的能量却悄然升腾：如何简明扼要地表达，以及如何让客户认可自己的能力，都是在那个阶段练出来的。业余时间，为了排解心理压力，她潜心钻研自己的兴趣爱好：DIY 连裤袜。有一天，她居然有了一个灵感：为什么不能将连裤袜设计成修身无缝的呢，那样既塑形又好看。后来，布雷克里白天卖传真机，晚上搞研发，直到研发成功，而困难却刚刚开始：谁来投资、生产和推广呢？不过还好，对于她来说，被拒绝只能让她越挫越勇，直到一位身为父亲的厂商想到自己的女儿才对她有了恻隐之心，勉强给了她机会。接下来，你就应该有所耳闻了，Spanx 家喻户晓，布雷克里也成为全球最富有的、白手起家的女性之一。她说："我最大的劣势在于我是个女人，总是被低估，但同时这也是我最大的优势。"

了解一个人最快的办法就是看她如何分配业余时间。因为在业余时间里，每个人都是她自己，无论是她接触的人、她做的事、她去的地方，还是她看的书，都映射着她灵魂的影子。当乏味的工作困住你的心，你又暂时无力挣脱时，一定要在业余时间让心在兴趣里保持活力。

用心经营高质量的同事关系

人可以辞退工作，却无法拒绝生活。既然要生活，就难免会有麻烦别人的时候。亲戚的数量是有限的，工作却可以为我们提供源源不断的朋友。如果你暂时没有更好的发展机会，又的确感到工作很乏味，不妨把注意力放在同事身上，用心经营高质量的同事关系也很有意义。这个世界会记录人的每份善意，而且总会用一种你想象不到的形式加倍返还给你。

利用身体的新陈代谢

心理学家针对抑郁症人群进行过一次实验，目的是从三种不同的抗抑郁方法中选择效果最为持久的一种（众所周知，抑郁症患者总是闷闷不乐、自卑抑郁，很容易变得消沉，悲观厌世，出现幻觉，严重时甚至想自杀，而且这些症状会反复发作）。心理学家把参加实验的抑郁症人群随机分成三组，分别采用三种手段对他们进行治疗。

- ♥ A 组用药物治疗。
- ♥ B 组用运动治疗。
- ♥ C 组用药物结合运动共同治疗。

心理学家在治疗期间对他们都提供了必要的心理干预，最终有效地控制了他们的病情。随着实验的结束，人们纷纷回归各自的生活，而真正的实验并未结束：专家们每隔一段时间就会对他们进行回访，以统计每组人员的抑郁症的复发率，回访持续了数年。最终实验正式关闭，他们也确定了效果最为持久的手段，即运动。B 组的效果最为持久，抑郁症的复发率最低。原来，通过身体的新陈代谢，人会收获精神层面的吐故纳新。

既然运动对抑郁症的治疗很有效，正常人就更可以用运动来排解乏味工作带来的不良情绪了。考虑到时间和精力的奇缺，轻健身（即高强度间歇训练法）应运而生。关于轻健身，在英国职业医师麦克尔·莫斯利和著名健身教练佩塔·比合著的《轻健身》一书中有详细的介绍。他在书中写道："通过比较跑步者和非跑步者的死亡率，研究人员得以证明，坚持跑步大约可以增加 4 年寿命。"同时，他还说："只有不过度运动才能从运动中获得最大的健康益处。2013 年 6 月，《应用生理学杂志》刊登的一篇社论指出，半数的职业赛艇运动员和马拉松运动员的心脏都出现了纤维化的早期迹象，纤维化是瘢痕的一种形式，会导致心律不齐，心律不齐可能导致更严重的问题。"[1]

轻健身会让人的精神状态快速更新，以全新的姿态重新面对乏味的工作。具体做法如下。

- 高强度运动一次，至少持续一分钟。
- 暂停并休息 20 秒（最多不能超过 30 秒）。
- 第二次进行高强度运动，至少持续一分钟。
- 暂停休息 20 秒（最多不能超过 30 秒）。
- 第三次高强度运动，至少持续一分钟。
- 暂停休息 20 秒（最多不能超过 30 秒）。
- 如此往复，每次至少做 6 组。

为确保读者身体的安全和运动后良好的效果，我亲身体会了一段时期，在采用轻健身运动之前，你需要注意以下事项。

- 德国作家和古典哲学创始人伊曼努尔·康德说过："有三样东西有助于缓解生命的辛劳：希望、睡眠和笑。"我们的身体需要在得到很好的休息后才适合高强度的锻炼，所以你需要先调整自己的作息，让身体有充分的准备。
- 在睡眠充足和肌肉放松的状态下，先要进行 2~3 周舒缓的传统运动，比如散步、跳绳、游泳、瑜伽等。
- 正式启动高强度间歇训练，按照上述说明，一次做 6 组，每周做 2~3 次即可。

---

[1] [英]麦克尔·莫斯利，[英]佩塔·比．轻健身[M]．孙璐，译．南京：江苏凤凰科学技术出版社，2016：34—35.

- 麦克尔·莫斯利建议我们最好在户外进行轻健身，因为身体暴露在阳光下，皮肤才有机会合成维生素 D。

- 如果你感觉自己很难坚持，那就尽量在社交圈的支持下进行。这不能说明你的意志力薄弱——人类本身就具有严重依赖社交的社会性，和别人一起做运动是确保我们能真正动起来的好方法。

07 摆脱职业倦怠症的5大方法

如果工作是一种乐趣,人生就是天堂。
——歌德

李丽是一家物业管理公司的人力资源负责人。起初加入这家公司时，她充满了工作激情和斗志，认为自己可以利用公司的平台，使相关的人事管理制度规范化和系统化。但随着工作的展开，她遇到了诸多问题和挑战，慢慢地，她变得有些抱怨，再后来，不知道从什么时候开始，她的工作激情已经消失殆尽。她按部就班地开展着人力资源日常的管理工作，统计空缺职位并招聘人才，实施相关的激励制度，制定领导要求的相关培训，也正常处理每一位离职人员需要办理的相关手续。但在私底下，她总觉得自己已经快 40 岁，这样的工作和她 10 年前的工作内容并无两样，所以她的内心总是无端地生出很多无奈和迷茫之感。再后来，她开始厌烦工作，对人力资源部下属们的态度也越来越恶劣。她一方面做不到充分授权，另一方面又没耐心培养他们，最后搞得整个部门每天的工作气氛极其紧张。有几次，她甚至听到同事们议论她是不是更年期提前了，而她也觉得自己真的需要休息，需要彻底离开工作环境，只要不工作，做什么都可以。

李丽的这种心理状态是典型的职业倦怠。很多人都有过类似的体验，但程度深浅有所不同。如今，大家更换工作比以前容易，见识奢华生活的途径也有很多，所以大家普遍心态浮躁，职业倦怠症日益增多，这个话题非常值得我们关注和讨论。

什么叫职业倦怠症？

职业倦怠症也叫职业枯竭，是一种由工作引发的心理枯竭现象，是上班族在工作的重压下体验到的身心俱疲、能量被耗尽的感觉，这和身体的乏累萎靡完全不同，是源于心理的抵触。加拿大著名心理大师克丽丝汀·马斯勒将职业倦怠者称为"企业睡人"。这样的人明明睡得饱、吃得好，可一想到工作就心生厌倦、提不起兴致，虽然他知道自己完全能胜任自己的工作，但就是不想干，迫于无奈又只能勉强去面对，在工作中表现出敷衍或冷漠的态度。

导致职业倦怠症的因素有很多，比如以下几种。

- ♥ 挫败感：觉得自己非常努力，却得不到认可，随即产生强烈的挫败感。
- ♥ 自我怀疑：工作中出现超出认知范畴的问题，对自身产生了深深的怀疑。
- ♥ 被人轻视的耻辱：自我怀疑导致不自信，然后变得敏感，认为别人轻视自己。

- ❤ **身心俱疲**：工作强度过大，身体的无力感导致大脑能量的匮乏。

此外，获得"美国心理学会总统奖"的蒂姆·墨菲和劳丽安·奥柏林在其著作《隐形攻击》中提到了导致职业倦怠症的两个因素。他说："工作狂也称为工作上瘾，产生的原因是人们总是焦虑地认为自己的工作成就还不够（因此会用持续的工作缓解焦虑），或公司文化强制员工承担超额的工作量。不管是因为什么，它都会使员工怒火中烧，如果员工本身还有一些问题人格，他就很容易产生职业倦怠。"[①] 总之，人在持续的工作压力下，身体和情绪上很容易感到疲惫，最终导致敷衍工作并产生绝望的情绪。

德裔美国心理学家和精神病学家卡伦·霍妮在其著作《我们内心的冲突》中系统地介绍了重建人生自信的心理学知识。她说："对于大多数患者而言，多种多样的因素组合在一起，就像一张大网一样，将他的人格束缚起来……如果有未解决的冲突，会表现出三种紊乱失调的症状，这三种症状都能导致精力的消耗或错误应用。第一种症状是犹豫不决……第二种耗散精力的症状同样十分典型，表现为普遍的低效率……第三种明显的紊乱失调症状是普遍性惰怠。这类患者被自己的毛病拖累得苦不堪言，而且也经常责怪自己太懒惰，但这并不代表他们真的认为自己懒惰，这根本不是发自真心的自省。相反，他们对任何努力都很排斥，而且他们能意识到这种排斥，千方百计地为自己辩护，将其合理

---

① [美]蒂姆·墨菲，[美]劳丽安·奥柏林. 隐形攻击[M]. 李婷婷，译. 北京：台海出版社，2018：165.

化……神经症性质的怠惰，意味着主动性和行动能力的瘫痪。严重的自我疏离，以及找不到生活的方向，是导致这种症状的主要原因。"[1] 在消费欲望被空前刺激的当下，越来越多的女性正成为工作倦怠的牺牲品。尤其对优秀的女性而言，她们相信实力是尊严，习惯用成绩证明自己，但她们没意识到女人的赛道在晋升人母后会变成两条，需要不停地变换赛道，不停地调整心态才行。

如何摆脱职业倦怠症？

停止反刍

很多有职业倦怠症的女性会形成反刍思维。这些女性逢人就念叨工作的苦累和自己的艰辛，殊不知每说一遍，脑子里就会重新演练一遍，结果大脑越来越消极，也越来越感到自己不容易。最后，一个强烈且清晰的念头冒出来——你想要逃离这份工作。这类似于一个人的小臂内侧受了点儿伤，只要不感染，即使不包扎，皮肤也会慢慢痊愈，但你非要撸起袖子给每个人看，本来伤口快愈合了，你为了让伤口的惨烈程度与你表达的一致，就反复

---

[1] [美]卡伦·霍妮．我们内心的冲突[M]．李娟，译．武汉：长江文艺出版社，2016：163—167．

把新长的伤疤挑破给别人看。

1. 你嫌收入少，所以不想工作——不妨试试和老板谈判，争取更高的待遇。

如果不能如愿，就试着在社会上寻求能给你提供更高收入的工作。求职结果不重要，重要的是你采取了行动，而非反刍。我鼓励你以在职的状态求职，这样不仅稳妥，而且面试时会呈现更好的状态。当你折腾半天却未果时，或许你会忽然发现自己已经拥有的更值得珍惜。

2. 你不是嫌收入少，只是觉得心理不平衡——这往往是因为自我认知存在偏差。

在这种情况下，你需要跟随好奇心一窥到底，靠近并了解目标人物，如果情况属实，你就勇敢地站出来为自己争取利益。但通常来讲，我们总是会用自己的优势和别人的劣势进行比较，得出的结论和事实有出入，毕竟企业的人力资源在为每个岗位设定薪资待遇时都是经过谨慎评估的。

3. 你可能觉得自己得不到应有的尊重，所以才厌倦工作。

美国心灵导师露易丝·海在《生命的重建》一书中说："假如你不喜欢目前的工作、想换职务、工作上出问题或失业，最好的做法是：带着爱并感谢你现在的工作，并了解到，这只是你人生路上必经的阶段，你之所以会处于这种状态，是你自己的思维模式造成的。如果'他们'用你不想要的方式对待你，那是因为你的意识中有某种模式在吸引这样的行为。"[1] 当你因为别人的态度而

---

[1] [美]露易丝·海.生命的重建[M].谢明宪，译.海口：南海出版公司，2018：144.

愤怒时，这恰恰反映了你内心的不自信。因为不自信，所以怕被人看轻，结果怕什么来什么，你注意到别人不够尊重你，便开始愤怒。所以，不如暂时收起那份对他人的不满，关照内心，为自己找寻努力的方向，让自己强大起来。

4. 你可能因为对某个人深恶痛绝，所以不想和对方共处一室，进而不想上班。

若果真如此，为何离开公司的不是对方，而是你呢？何不把对方当成一个修炼心性的对象呢？要知道，只在爱里，人是很难成长的。人总要经历不开心与不情愿，才能更成熟。

5. 你如果是因为无法认同公司的价值观而产生倦怠，那就尽快离开。

我们需要借由工作解决生存问题，但我们决计不能只为了生存而工作。就像两个价值观不同的人很难共事一样，如果你不认可企业的价值观，那就很难获得职业幸福感。守住道德底线的人，才能认同自我。

美国哲学家亨利·戴维·梭罗说过："我们只有在迷失之后才会开始理解自己。"但我们首先要学会安静，闭嘴以后才可能听见智慧的声音，停止反刍才可能成长。

心流理论的启示

一次长假前，一位好友邀请我们全家参加她策划的自驾游活动。由于当时我的两个孩子还太小，所以我只能婉拒，但我对她的活动保持了高度关注。很诡异的是，他们只在第一天更新了社交平台上的内容，他们一路向北，沿途的风景确实很美，之后却集体在社交平台上消失。节后我问她缘由，她说他们后来一直在酒店的房间里打麻将……

值得大家注意的是，假期本身未必能帮你摆脱倦怠症。很多人在长假之后会患上假期综合征，因为很多人在休假时会彻底放纵自己：熬夜、暴饮暴食或进食过多垃圾食品。女人易老，所以我们需要区分放松和放纵，学会珍爱自己。

心流理论（Mental flow）由积极心理学的奠基人之一的米哈里·契克森米哈赖在其著作《心流》中提出。处于心流状态之下，人们做事情会全神贯注、投入忘我，感觉有如神助；而在心流体验之后，人们会有强烈的满足感、掌控感和愉悦感。那么，人们在做哪些事情时更容易处于心流状态呢？契克森米哈赖在他领导众多人参与的实验中发现了惊人的事实真相："一个人每周中处于心流状态的时间越长，整体体验品质就越高。经常感受心流的人较易感觉坚强、活跃、有创造力、专注、进取。但出乎意料的是，心流大多出现在工作的时候，绝少在休闲时发生。"[1] 这就难怪美国著名的休闲学家查尔斯·K. 布赖特比尔曾说："未来不仅属于受过教育的人，更属于那些懂得善用闲暇的人。"休闲活动有两种完全不同的形式，即被动式和主动式。主动式休闲是指需要动脑筋、花心思才能享受到乐趣的活动，如阅读、运动、社交、旅行

---

[1] [美] 米哈里·契克森米哈赖. 心流 [M]. 张定绮，译. 北京：中信出版社，2017：270.

等，这些活动有助于人的成长和心灵的休憩，但过程不是很轻松；被动式休闲是指不需要消耗太多能量、无须任何专注力和技巧的活动，如看电视、听音乐等。如果你总是把被动式休闲活动当成填补空闲时间的内容，那么，身心就会承受持续的压力，无法得到真正的放松。

按下人生的暂停键

祝书弢已婚多年，和丈夫都是丁克，他们的感情很好。临近40岁时，两人突然很想要孩子。经过一年多的摸索和努力，他们依然一无所获。祝书弢想要破釜沉舟，所以辞去了工作，专心调理身体，并在一年后成功受孕。顺利生产后，祝书弢又有了强烈的工作意愿，并对未来充满期待。

美国知名人际关系专家芭芭拉·安吉丽思在其著作《内在革命》中写出了很多女性的心声。她说："我们依照计划，让我们的情感关系、工作和成就一步步朝着我们预定的方向前进，结果却莫名其妙地发现自己到了一个与我们的期待完全不相干的地方，感觉自己像是一个陌生人，到了一个陌生的地方，只不过，这个陌生的地方却是生活引领我们来的。就这样，不知为什么，我们就在通往幸福的路上迷失了自己……我们想要过某种生活，结果却被困在另一种生活里。"① 欺骗别人很难，但自我欺骗更难。当你内心因某种原因对工作产生厌倦时，即使你再擅长此时的工作，也很难用心面对。对于工作，没有经历过的人很难体会，那种内心的腻烦和抵触远非任何文字可以比拟。如果你也有同样的困惑，不妨听从内心的声音，像祝书殁一样排除万难去跟随内心。人生如同一首乐曲，短暂的停顿后往往会有更加气势磅礴的节奏。当一切重新开始，你才有可能看到顶峰瑰丽绝美的风景和恢宏的场面。

充分利用人脉资源

社会是一个庞大的关系网络，对于我们而言难以企及的事情，对于有些人却是不值一提的小事。无论是攻克工作中的难题，还是找寻更适合的发展方向，人脉资源都是不容小觑的一个因素。而我们与生俱来的、血脉相连的人脉资源都很单薄，即使出身名门，随着时代的变迁，也必然会生出崭新的人脉网络。所以，我们需要在平时多积累和维护属于自己的人脉资源，并善加利用。

人生路上要敢于大胆转弯

明青寒拥有一份稳定的工作，也有一个温馨的小家。但她觉得工作

---

① [美]芭芭拉·安吉丽思. 内在革命[M]. 龙彦，译. 北京：北京日报出版社，2016：60—61.

很枯燥,所以每天过得浑浑噩噩,直到她开始对摄影产生兴趣。这一兴趣产生的契机是他们单位组织的摄影比赛,她当成任务上交的作品竟获了奖,这让她有些意外,也让她豁然开朗。之后,她申请了摄影专业的在读研究生,并尝试向媒体投稿。再后来,有几家广告公司向她长期约稿。她便申请了停薪留职,一门心思从事起梦寐以求的摄影工作。

美国加利福尼亚州立大学咨询系教授杰弗里·科特勒在其著作《改变》[①]中深入剖析了人们发生改变的内在逻辑。他说:"如果我想达成目标,每天都必须起床,做分秒必争的最后冲刺,全身心投入。事实上,一切都发生在你内心——不管你身边发生了什么或你自己发生了什么,个人认知方式的转变都是最有效的。"任何无法激发内在兴趣的工作都会遭到主观上的排斥,至少无法让人长久地愉悦。当你无路可走时,你只能沿着脚下的路前行;但当你看到一条光明大道时,为什么不听从内心雀跃的声音大胆转弯呢?

---

① [美]杰弗里·科特勒.改变[M].钟晓逸,译.北京:北京联合出版公司,2016.

第二篇

家庭篇

08 理性消费，合理理财

如果你把金钱当成上帝，它便会像魔鬼一样地折磨你。
——亨利·菲尔丁

陆初彤刚刚结束她痛苦而又漫长的初恋，分手的那一刻，她满脸泪痕，哭得无声无息。但最终，她决定告别过去：她要放下回忆，扔掉所有和前男友有关的东西——她开始"断舍离"[①]。陆初彤越扔越上瘾：她把一年内没穿过但保存完好的衣物捐给了爱心社团，她甚至为了扔梳子跑去剪了短发。在不断扔东西的过程中，她发现原来自己可以活得更轻松。她不再为失恋难过，而是全心全意地工作。在家休息时，她就会琢磨：还有什么东西可以扔？起初，她是想通过扔东西缓解失恋的痛苦，现在既然已经不爱了，就应该停止这种行为了。但是她没有，她习惯了这种简约的生活方式：她扔掉了所有让她脚疼的高跟鞋和所有空的鞋盒子，只留下一双白色运动鞋、一双轻便的黑色皮鞋和一双拖鞋；她扔了一套印有精美图案的杯垫，她自己很少做饭，而且就算做饭或煮汤，也可以将装了食物的餐具放在厨房稍微凉一下再端到餐桌上；她扔掉了根本不准备看的书，这才意识到自己真正喜欢阅读的是商业财经类书籍。

---

① "断舍离"这个概念是由日本杂物管理咨询师山下英子在其著作《断舍离》中提出的，主要围绕如何收拾房间、让家更整洁展开讨论。

陆初彤原本想重新租个大点儿的房子，而现在，她发现一个人住这么大的房子就足够了。家里触目可及的都是自己心仪的生活必需品和摆件，她经常畅快地想要跳舞。最神奇的是，因为这样一个"断舍离"的思想之旅，她每次购物前都会反复问自己："这个东西真的有用吗？我会不会刚花钱买下它，扭头又想扔掉它？"于是，她成了一个名副其实的理性消费者。

5 种典型的消费错误认知

错误认知 1：为什么每个月我都能定时领工资，但钱还是不够花呢？

这样想想：钱够不够花从来不取决于领工资的频率是否固定。

错误认知 2：我已经把所有的时间都给了工作，但为什么工资却不能满足我所有的购物欲望呢？

这样想想：工资水平的高低不是根据工作时长来确定的。

错误认知 3：每天下班时，都感觉非常累，甚至连卸妆的力气都没有，但为什么我连大牌的卸妆油都买不起？

这样想想：工资水平的高低不是根据辛苦程度来确定的。

错误认知 4：公司没有我就不可能发展得这么好，但我的收入少得可怜，这是为什么？

这样想想：因为你不是老板，老板承担了更大的风险。

错误认知 5：假设你就是老板，你也不免会想，为什么每天承受这么大的压力，却不能随心所欲地消费呢？

这样想想：因为你的企业还没有真正发展壮大。不过，当你的企业真的富可敌国时，你的乐趣就远不在消费上了，因为如果你没有更宏大的格局，你就不可能把企业经营到那样的规模。

全面认知理性消费和感性消费

概念认知

理性消费通常指一个人在自己消费能力允许的条件下，按照追求效用最大化的原则进行消费。与理性消费对应的是感性消费，即在消费前没有计划，消费的行为更多是受外界刺激而临时起意，毫不顾忌自身经济条件的约束，也未对商品本身的综合价值进行考察。

消费行为的两个极端

在如今的消费时代,存在着两个极端。

受物欲和攀比心理的驱使,过于讲究排场和体面

- 很多人月收入不足五位数,非要强撑面子拎着价值几万元的包。其实,女人真正吸引人的应该是你的气质、笑容和信念。当一个人的气质无法驾驭那些奢侈品时,只会稀释它们的价值,让它们沦为别人眼里的假货。

- 我们现在吃饭并不只是因为饥饿,很多人以"吃货"自居,暴饮暴食。妇科囊肿和肌瘤类疾病日益扩散,"富贵病"更是层出不穷,甚至还有很多人是为了拍照和炫耀而消费。

把所有的钱存起来,完全不消费

轻松愉快的生活氛围和健康舒缓的身体需要一定的消费做支持。很多人的生活方式是这样的:周一到周五拼命工作,周末躲在家里避免任何消费,生活单调沉闷、没有娱乐和文化的气息,忘了工作的意义。

这样的消费观念在日后一旦被颠覆,曾经奇缺的可能会以几倍的程度进行补偿。所以,必要的和美好的事物值得消费,真正的理性消费不能太偏激。

消费时启动"第二套决策系统"

庞赛男每次接儿子放学,都感觉刺骨的冷,所以她决定买一件长款的羽绒服。于是,在周六和好友一起逛街时,她买了一件长款薄棉袄(虽然样子很时尚,但真的不暖和)。每次出门前,她都得在棉袄外面裹一层厚厚的围巾,每次冻得瑟瑟发抖时,她都为自己的冲动感到后悔。她想过再买一件厚点儿的羽绒服,但又觉得太浪费了。

冲动消费往往会导致失败的购物决策。

在经历了一周的工作和生活压力后,人会很疲惫。而在疲惫之时,大脑也会出现停滞和断档。所以,尽量在精力充沛时逛街,大脑才会做出更明智的决策。

庞赛男和朋友一起逛街,这本身就不明智。因为她在做消费决策的同时,还不得不面对额外的压力,毕竟她多少还会受朋友的意见的影响。

庞赛男在做出消费决策之前,对于将要消费的目标没有明确的认知。她的确是买了一件长款的薄棉袄,但它并不是她本来需要的那种长及脚踝的、足够保暖的羽绒服。她被导购欣赏的眼神、商家诱人的优惠政策、朋友的夸赞和自己脑海里及时浮现的有关儿子的画面欺骗,仓促地做出了购买的决策。

科学家曾猜测哺乳动物的大脑中有两套决策系统,它们分别用于应对不同的情形。后来的研究也支持了这一观点,相关论文发表在英国《皇家学会学报》上。研究显示，当威胁水平高的时候（比如受到危险动物攻击），第一套不精确但反应快速的决策系统非常有用，而处理不常出现或具有许多相互矛盾的线索的复杂情形时（如社交情境），第二套决策系统表现得更好。而第二套决策系统的运营主要集中在大脑的外皮层。人们在进行消费活动时，如果启动第一套决策系统，则很容易陷入感性消费，比如看见别人买，自己也跟风；看见商品很诱人，就忍不住想要占有；等等。而第二套决策系统是人类后来进化的、更高级的思维能力，更有助于我们在消费时做出理性的决策。

设置"心理安全绊线"

如果你也有冲动消费的经历，说明你没用过"心理安全绊线"。"安全绊线"原是军事术语，指在自己地盘的边界设置隐形机关，能在敌人入侵时及时收到信号，避免被袭击或失去领地。[1] 消费前设置"心理安全绊线"是指提前明确此次消费的最高限额，一旦超支，心理警报就会响起，从而有效地避免感性消费。

在消费方式日益便捷的今天，理性消费的能力正受到严峻的

---

[1] [美] 特蕾泽·休斯顿. 理性的抉择：女性如何做决定 [M]. 张佩, 译. 北京：北京联合出版公司, 2017: 135.

挑战。比如你出门本来只是为了散心，却毫无节制地有了意外的花销。这种消费行为在当时似乎给你带来的是愉悦感，从长期来看却削弱了你的幸福感和自我认同感。如果你在离开家时，只带了买一杯咖啡的钱，就不会出现这种冲动消费。那一杯咖啡的钱就是消费前的"心理安全绊线"，提前设定才能在冲动消费的想法冒出来时，第一时间意识到并提醒自己注意。如果你每次在想要购物之前，内心都能预先设定一个数值，就会减少更多不必要的开支。

21 条女性理性消费攻略

来自《纽约时报》畅销书作家的建议

《纽约时报》畅销书作家克里丝特尔·潘恩是三个孩子的母亲，她在《会赚钱的妈妈》一书中坦言，自己也曾缺乏信心并喜欢取悦别人，以至于无法向朋友真正地敞开心扉。但没有人是一座孤岛，每个人都需要高质量的友谊，更需要付出勇气、真诚、金钱和时间。所以，投资于人、经营关系非常有必要。她说，我们最伟大的愿望之一应该是心甘情愿地用自己最好的东西帮助别人，不求回报，并甘之如饴。这样，当我们结束人生旅程的时候，可以没有遗憾地说，我们已经尽自己所能去给予别人、帮助别人——家人、朋友、需要帮助的陌生人、处于挣扎中的邻居，还有那些从未谋面的人。这样的人生才是真正带着慷慨精神而活的。①

如果你只是运用本文的技巧变得精打细算，我会感到失落，因为那不是我的初衷。我希望你可以从此让自己不再因经济拮据而苦恼，不再因感性消费而遗憾，不再因收入水平困住自己的心，学会运用手中的财富理性消费并大踏步地拓展自己的视野，才是我真正的初衷。

21 条女性理性消费攻略

1. 两年内没穿过和没用过的衣物都不应该占据你的生存空间。那些廉价的"鸡肋"物品只会为你吸引更多的同类产品，让你的心灵窒息，使你远离精致生活。

2. 谨慎办理各种形式的消费卡，因为不是每个商家都讲究诚信，也不是每个商家都能成功"坚挺"到你的卡内余额用完，而且你无法确定自己未来的消费行为轨迹。

3. 谨慎办理各种信用卡，不要为了吃某顿饭可以便宜就脑子发热。一旦办理了信用卡，你就需要为自己的信用负责到底，系统科学

---

① [美] 克里丝特尔·潘恩. 会赚钱的妈妈 [M]. 莫方，译. 南昌：江西人民出版社，2018：197、202.

地管理自身信用会越来越重要。

4. 养成记录每笔消费的习惯，并在月末进行汇总和分析。一个皮肤受伤出血的人需要及时补血，在血袋到来之前，你首先得盯紧自己流血的地方，及时止血并避免失血过多。

5. 尽量避免和朋友一起购物。一起吃饭的人越多，我们就会吃得越多。购物也一样，和朋友一起购物，更容易让我们超支。因为当我们的大脑无法专注于购物时，自控系统的能力就会减弱，进而产生更多的冲动消费。别小看任何一个单独逛街的女人，这种女人是有智慧的，她们不是孤单，她们只是懂得关照自己的大脑，让更多的脑细胞用于消费决策。

6. 若没有消费计划，就尽量远离商业中心。这就像减肥人士选择跑步路线一样，去美食一条街还是去运动场，区别很大。

7. 疲累的时候尽量不做消费决策，因为购物不仅需要体力，更需要脑力。

8. 情绪波动的时候尽量不消费，因为大脑在情绪波动期间，新皮层很难接收到核心层发出的指令。

9. 鞋子不舒服时不要逛街，尤其是高跟鞋，因为你很有可能会冲到鞋店先买一双廉价的、毫无新意的平底鞋，然后疯狂购物。

10. 没想明白要买什么就别贸然出手,别轻易屈服于时尚,现在流行不代表它就是经典。让自己消费的目标视觉化,会让消费更理性。

11. 不管你遇到的东西有多好,尽量别在第一时间购买,尤其是网购。你可以将其暂时放在购物车里,三天以后如果你还想拥有它就继续保留,如果不喜欢了就删掉。再过三天来看它们,如果还是觉得没它不行,你再付款。通常事后你会因自己的谨慎而感到庆幸。

12. 你的孩子一定很可爱,但是不代表试穿在孩子身上的所有衣物都值得购买。总之,不要把自己对孩子的喜爱当成对试穿在孩子身上的商品的喜爱,要小心这种错觉。

13. 掌握"断舍离"的核心思想,拒绝无用之物,以此促进自己的理性消费。

14. 每次消费前,设置"心理安全绊线"。

15. 必须要买衣服时,尽量穿得体面一些,这样可以购买有着更高品质的衣服,进而提升自己衣橱的整体水平(我们买衣服时总会不可避免地和当时自己身上穿的衣服进行比较)。

16. 在买单时掏出优惠券没什么丢人的,如果你傻傻地按全价买单,也没有人会欣赏你的慷慨。

17. 努力提升自己的收入水平和速度，赚得越快，积累得越多——因为同一时期的花销会相对固定。

18. 人是环境的产物，你可以多结交一些节俭却有品位的人，一定要与浮夸奢靡的人保持距离。

19. 区分"你必需的"和"你奢望的"，因为很多人平时分得清，一到商场就会犯晕。

20. 别为了享受商家的一点优惠政策浪费太多的精力和时间，偏激会让人损失更多。

21. 尝试DIY（自己动手做），一来可以有效激活很多物品的第二生命，二来将自己动手做的一些礼物送给朋友也非常有创意。

09 要想平衡,先要放弃

确切的人生是:保持一种适宜状态的与世无争的生活。
——蒙田

戚澜熙是世人眼中完美的女性，无论是长相、身高、性情，还是能力。通过十几年的努力，她不仅事业有成，还拿下了博士学位。只不过，如人饮水，冷暖自知。她难以自拔地爱着一个有妇之夫，时常感到孤独和迷茫。当朋友们陆续步入婚姻殿堂并收获爱情结晶时，她的情绪陷入持续的低迷状态。为了逃避内心的痛苦，她只能把更多的精力放在工作上。可随着工作成绩日益突出，她的内心也更加空虚。她对心理咨询师说："我的生活就像一面华丽的镜子，工作方面星光璀璨，感情方面却暗淡无光。"

心理咨询师在对她的境遇做过全盘了解后，问她究竟要的是什么：是一段刺激的情感体验，还是一种安稳的婚姻生活？戚澜熙的内心其实知道答案，长久以来挥之不去的苦痛就是她灵魂发出的停车牌。痛彻心扉后，她决定放手——因为她终于懂得了处理这种感情最智慧的办法。她强打精神让自己接触陌生异性，并最终遇到了她后来的丈夫——一个对她无限宠爱的好男人。两年后，他们迎来了一个健康活泼的孩子，这让她的内心感到前所未有的满足和幸福。

掌握平衡，先要学放弃

人生是一次奢华的自助套餐

生活自由充实，身体活力满满，工作受人尊敬，容颜清新脱俗，父母既开放又超能，丈夫优秀且专情，孩子健康又聪明——哪个女人不爱这些？但十全十美的生活太少，所以我们难免心生烦恼，而其中最典型的一个问题就是：如何平衡工作和生活？日本小说家林真理子在《只差一个野心》一书中说："每个人有各自不同的生活方式。像我就贪心地希望能品味到事业、婚姻、孩子这一套'女性全餐'，也有的人只选择其中一样……对女性而言，必须趁年轻不断地思考工作、结婚、生孩子的意义及其优先顺序……"[1]

如果人生是一次奢华的自助套餐，你又想多些体验，那就必须懂得平衡的艺术。很多人潜意识里总想寻找一种办法，好让自己的工作量毫无增减就奇迹般地高效起来。很遗憾，船儿总要舍弃安全的港湾，才能在深海里收获满船鱼虾。尤其对于女性来说，毫无意义的事情太多，善于拒绝和放弃的智慧直接影响着生命质量。

平衡本质上是一种艺术，它很难被衡量。如果非要给它确立一个标准的话，那也只能是主观的，比如：你对生活很满意，你

---

[1] ［日］林真理子. 只差一个野心[M]. 陈菲菲, 译. 北京：中信出版社，2016：187.

觉得自己很幸福。当你感觉烦恼时，也正是你需要调整的时候。

幸福的两大心理原则

进展原则

我们总是在无限接近幸福时备感幸福，而在幸福进行时又不可避免地陷入失落和抱怨。让自己持久感受到幸福的首要原则就是努力推进自己生活的各个维度，让它们齐头并进。进展原则由著名心理学家乔纳森·海特在其著作《象与骑象人：幸福的假设》中提出。所谓进展原则，即朝着目标前进比实现目标更幸福。[①]

生活如同一场旅行，唯有走到更远的地方，才能感受更多的风景。戚澜熙的生活有了进展，幸福的感受便随之而来。幸福之人总能让自己的生活变得更加美好。无论多么富有显贵，一成不变的生活都会让人心生厌倦，滋生无聊和落寞感。只有不断地努力，让一切变得越来越好，才能感受到持久的幸福，感受平衡的魅力。

尝鲜原则

尝试一些自己从未做过的事，无伤大雅却也跳出了既有的行为模式，就能让生活充满新鲜感，幸福感便扑面而来。一次深夜，我在清华大学校园里办完事后，发现很难叫到出租车，只能徒步

---

① [美]乔纳森·海特.象与骑象人：幸福的假设[M].李静瑶，译.杭州：浙江人民出版社，2012：96.

走到地铁站。走到地铁站大概需要半个小时，若是白天，我是很愿意走的，怎奈北京的昼夜温差太大，冬天的夜晚真的很冷。于是，我在苦恼了不到半分钟后，注意到一辆辆穿梭在眼前的私家车，一个念头便突然间冒了出来：为什么我不试试拦车呢？于是，我生平第一次站在路旁伸出手拦车，露出自认为最优雅、最端庄的笑容。第一辆车就慢慢地停在我面前，车窗摇了下来，我随即发出简明扼要的请求，于是我被允许上了车，然后温暖舒适地到了地铁口。我告诉对方我是第一次拦车，非常感谢他的热心，他的眼神中有种光芒在闪烁，显然是受到了我喜悦心情的感染。就这样，在原本必须匆匆赶路的寒冷冬夜，我有了一份美妙的体验。

德国哲学家尼采把人的精神境界分为三种：起初，你的精神像一只骆驼——忍辱负重，茫然而被动地听凭命运的安排；后来，你的精神像一头狮子——一切由我，主动争取并勇于担责；最后，你的精神像一个婴儿——活在当下，放松地享受眼前，大胆地尝鲜。在人生的旅途中，没有谁能一直束缚我们的手脚。限制我们的思想的往往是我们自己，捆绑我们的幸福的也是我们自己。

放弃的艺术

这世上没有一个公式可以明确地告诉我们每个人生阶段中什么才是最重要的，毕竟每个人的境遇和追求不同。所以，一切存乎一心，放弃是艺术而非技术。但的确有一条原则是我们可以遵循的，那就是"目标脱离与否"。如果一个人没有目标，就如同飞在高空中的飞机失去了方向一样，要想在油耗尽之前成功着陆，必须首先锁定目标，进而才能知道应该放弃什么。所以，平衡工作和生活的前提是要懂得放弃，而决定放弃什么之前首先要锁定目标，所有与目标不相干的事情就是要放弃的内容。比如你的目标是一周读完一本300页的书，那么，除了正常的饮食起居、生活与工作，在剩下的时间里，阅读就应该排在第一位。同时，即使已经读了260页，也要把关注点放在还没有完成的40页，而非读过的260页，这样才能避免沾沾自喜和半途而废。很多人会误把唾手可得的目标当成已经实现的目标，进而产生莫名的愉悦感，最终与目标失之交臂——这一点尤其需要大家警惕。

警惕稀缺带来的管窥现象

稀缺带来的管窥现象

上文是从主观层面探讨平衡的艺术。那在现实中，我们是否存在切实的能力问题呢？比如怎样分配时间和精力，如何将自己繁杂的工作排序，等等。美国经济学家塞德希尔·穆来纳森在其著作《稀缺：我们是如何陷入贫穷与忙碌的》中提出的稀缺理论为世人敲响了警钟："稀缺会降低所有这些带宽的容量，致使我们缺乏洞察力和前瞻性，还会减弱我们的控制力。"①

人缺钱的时候，会忽略真正有助于发展的机会

穆来纳森把人的这种短视现象称为"管窥现象"：就像是有人在你眼前放了一根管子，稀缺状态下的你只能傻傻地看见管子里那些能解燃眉之急的机会，对于管子外的机会，你会统统视而不见。

有紧急事情时，人会无暇顾及真正重要的事

因为你被紧急的事情牵绊，然后就耽搁了真正重要的事，所以你发现自己留给真正重要的事情的时间少得可怜。在时间方面"捉襟见肘"的你陷入了恶性循环，最终，重要的事情却做得不尽如人意，给自己留下太多遗憾。

人在饥饿状态下，只为食物而存在

人在饥饿状态下，满脑子只想着吃的，各种感官都只为美食而存在。一项对饥饿者的心理实验发现：当人饿到一定程度时，哪怕是观看影视节目，都会自动忽略那些露骨的情爱镜头，反而对男女主人公进餐约会的场景格外关注。很多人在特别饿的时候，连嗅觉都会变得格外敏锐。

---

① [美]塞德希尔·穆来纳森.稀缺：我们是如何陷入贫穷与忙碌的[M].魏薇，龙志勇，译.杭州：浙江人民出版社，2017：15.

管好自己的"带宽"

为了避免出现管窥现象，我们要提高警惕，别被稀缺状态俘获。如同电脑一样，我们必须管理自己的"带宽"。这里的带宽是指我们的"心智容量"，比如认知能力、执行控制力等。多数时候，不是因为我们能力低下才导致贫穷和忙碌，反倒是因为贫穷和忙碌导致了我们的行为看上去幼稚、拙劣。

避免让自己陷入金钱稀缺的状态

开发更多的经济收入来源，每月设置固定的比例进行存储并随着收入的提升而增加储存比例，购买稳妥的理财产品，参与适度的投资活动。

避免让自己陷入精力稀缺的状态

熬夜加班是降低工作效率最明显的手段。每个休息日都是上天赐予我们的时间礼物，这时我们就应该心无旁骛、无所事事，享受那份宁静。只有这样，才能在工作日里精力充沛。

避免让自己陷入意志力稀缺的状态

很多人热衷减肥，而且喜欢研究所谓的食物热量表。请注意：当你在思考该怎么吃的时候，大脑正在损耗大量的带宽，用以抵制你读到的每种食物对你的诱惑。意志力像个蓄水池，每次失败的经历都会减少它的容量，所以，远离诱惑源才是上策。

避免让自己陷入时间稀缺的状态

要学会人为地设置多个时间节点。有实验数据表明，时间节点可以提高人的专注力、创新力和自制力。穆来纳森提到一个心理实验：两组学生都被要求在三个月内完成一项研究报告，A组学生被告知他们在三个月后将接受评审，这期间的任务自行完成即可；B组学生不仅被告知三个月后会有评审，还要求每个月底当面向导师汇报进度。也就是说，B组学生比A组学生多了两个时间节点。实验最后的结果显示：B组学生的研究报告的质量远超A组学生的。

总之，我们缺的不仅是金钱、精力、意志力和时间，而且是自我管理和科学分配精力的意识或能力。

女性平衡工作和生活需要修炼的四"力"

女性需要修炼"定力"

美国第一位非洲裔总统夫人米歇尔·奥巴马在其自传《成为》[①] 中明确表示她非常关注女性如何平衡工作和家庭的关系的话题，而她也用自己的实际行动诠释了平衡的智慧。在她刚开始为

---

① [美]米歇尔·奥巴马. 成为[M]. 胡晓凯，闫洁，译. 成都：天地出版社，2019.

支持丈夫奥巴马（美国第 44 任总统）竞选总统而发表演讲时，她总是带着紧张和执念，并且一刻都不放松，表情严肃且沉重，以至于她的反对者攻击她是一个"愤怒的女魔头"。她说："要忽视一个女性的声音，最简单的做法就是将她包装成一个泼妇。"由此可见，她当时感受到的心理冲击多么强烈。她的内心曾一度失衡：她觉得这一切都不是她自己的选择，她不喜欢政治，她内心感到无比沮丧，甚至想要退出竞选。但最终，她领会到更深层次的智慧，她说只有尽情展示自我，享受自我，坦率且乐观，才能感到轻松。

值得一提的是，在奥巴马卸任总统之后，他们全家搬出了白宫。奥巴马在外休整，孩子们都已长大并离开了家，米歇尔又要重新面对自我，与自己对话。她的内心依然能感受到生活的美妙，她甚至能享受那份孤独。这正是女性需要修炼的"定力"。

女性需要修炼"不力"

李彩妍是一家民营企业的人力资源总监，老板在高薪聘请了一位高管后又想辞退对方，因为这位高管的行事风格和公司的文化格格不入。李彩妍起初在邀请对方时费尽心机，好话说尽，现在又要辞退对方，面子上总觉得过不去。在这样的心态下，她一拖再拖。而这位高管很懂得察言观色，在李彩妍第一次找他谈话而面露难色时，他就猜出了大概，也私底下紧锣密鼓地进行了准备。最终，一场简单的辞退对话演变成了一场人事冲突，公司付出了几倍的经济补偿。

谁也不喜欢听到否定的回馈,所以说"不"是一种能力。一个神奇的"不"字就是我们生命的防护网,捍卫了我们的时间和目标。人与人之间是有边界的,你若没有建立边界的能力,就会成为"烂好人",而"烂好人"的结局通常是出力不讨好。

自由职业者陈柏雯喜欢在咖啡厅办公,唯一不方便的是每次去洗手间都要把电脑带走,回来后再重新布局,有时候还不得不换座位,因为原来的位子被人占了。这一去一回耽误的时间虽然不多,但让思路重新接上需要耗费很长时间。为了解决这个难题,她约了好友一起来。座位终于固定了,但新的麻烦又有了:她和好友总是忍不住闲聊——这显然更浪费时间。

生活总是泥沙俱下,鲜花和荆棘并存,修炼"不力"才能活得更洒脱。后来陈柏雯和好友相约进行"沉默约会",即只见面,不交流。虽然这是她提出来的,但好友也爽快地答应了(想必好友也有一样的烦恼吧)。后来,她几次看见好友欲言又止的样子,都觉得很暖心,也很有趣,问题总算解决了。

女性需要修炼"柔力"

叶琬凝婚后依然住在离公司很近的公寓里,只有周末才回家和丈夫住在一起。周末的很多时候,她还需要加班、会友或健身,这又减少了他们夫妻俩相处的时间。直到有一天,她发现丈夫有了外遇。

叶琬凝觉得自己很无辜，修理旧家具、调试网络、更换汽车备胎等这些琐事，她从不曾麻烦自己的丈夫，她不明白自己这么独立和优秀，怎么会失去丈夫的心。当她尝试了各种办法努力弥补后，事情依然无法挽回，她感到非常无助。她终于明白：当一个男人在家里毫无存在感时，他自会去别的地方寻找存在感。一个无助恍惚的眼神就能激起男人的保护欲，一句柔弱胆怯的求助就能引发男人的倾囊相助。女人需要有妥协和示弱的能力，高情商的女人通常善于以弱制强、以柔克刚。

发生冲突需要两个人，停止冲突却只需要一个人。人在情绪波动时，任何声音都是噪声，保持静默才明智。当两人步入婚姻殿堂，就等于放弃了完全的自由和独立，依恋和不舍正是爱的体现。无论你的能力有多大、精力有多充沛，你总有力不从心的时候。所以，聪明的女性擅长示弱并承认对方的价值。如此循环往复，"柔而不弱"的女性才可能拥有不俗的工作业绩和良好的生活状态。

女性需要修炼"慢力"

卫雅姿是一位制片人，也是两个孩子的母亲。她的丈夫在一家公司任高管，对她疼爱有加。她每天都忙得焦头烂额，直到有一天，她开车跟朋友打电话分了神，撞上了一辆满载钢筋的货车。万幸的是，钢筋没有伤及她的要害。她躺在病床上，开始被动地感受慢节奏的生活：孩子们都很乖巧，丈夫下班后也会陪她；没了媒体圈的那些应酬和闺蜜们没完没了的聚会,她终于可以开始认真筹备一部大型纪录片的拍摄了;她也终于有时间整理孩子们的电子相册了。她觉得孩子们长得太快了,她还没来得及好好抱抱他们,他们已呈现出些许男子汉气概……

人跑得太快,身边的风景就会变得模糊。因为生命太脆弱,所以幸福很珍贵。尤其对于女性而言,我们想要活得像钻石——方方面面都能闪闪发亮。于是,我们常常感觉生活像在走钢丝,很想往前冲,又必须慢下来,否则就会失衡。哈萨克人崇拜地神和水神,为此他们崇拜大山、奇峰和山洞。他们有句谚语:准备登山的人,开头都必须慢慢走。只有慢下来,才能看见身边潜伏的危险;只有慢下来,才能积蓄更多的能量;只有慢下来,才能感受生命最远处的风景。慢是一种力量,也是一种智慧。

第三篇

成长篇

10

生为女人，我不抱歉

女性大部分时间都待在一起，很少有真正独处的时间。所以，她们会更多地受到人们情绪的影响，而不是听从自己内心的感情。而若要使愿望具有热情的力量，若要令想象力能够发展到更广泛的领域，将想象的对象变成最值得向往的东西的话，幽居和沉思都是必不可少的。
——第一部伟大的女权主义著作《为女权辩护》

李萌是一名大四的女生，因为在北京上大学的这几年，她已经习惯了这个城市，所以想留在这里工作。但求职过程并不顺利。她的各科成绩都很优秀，个人形象虽不算出众，但也落落大方，她不明白为什么每次投的简历都石沉大海。随着毕业时间的临近，她心里的期待值也在逐步降低，她甚至开始向一些规模较小的公司投简历，但依然毫无音信。于是她开始试着打电话询问一些她认为可能会给她机会的公司，结果有几家公司明确回复不招收女性，只有两家公司勉强给了她面试的机会。事后，这两家公司竟然不约而同地提出"工作5年内不得生育"的条件。这让李萌觉得难以接受，她意识到了现实的残酷，甚至还偷偷地哭了几回。

几乎所有女性在求职阶段都能感受到职场性别歧视的存在，只是这种情况太常见，大家都习以为常，没有引起应有的关注。职场中存在的性别歧视具有较强的普遍性和破坏性，每位女性都应该对此重视起来并提前做好相应的心理准备。

性别歧视的普遍性和破坏性

女性入职难度普遍比男性高

2018年10月11日,据路透社(英国最大的通讯社)报道:亚马逊的机器学习专家们发现了一个大问题,他们的AI(人工智能)招聘引擎似乎不喜欢女性,为此,他们便将其关闭。原来,几年前,因为人工挑选简历的工作量太大,亚马逊开始尝试用AI筛选求职简历。但后来专家们发现AI重男轻女,这本身有悖于我们使用AI的目的(中立和客观)。为什么会这样呢?

这要从AI的工作方式说起。AI是靠抓取关键词对求职简历进行筛选的,而关键词是亚马逊从公司内部过去10年间的求职简历中抓取出来的,约有5万多个。专家们还对这些关键词进行了重要程度的优先级排序。换句话说,AI只是客观地执行了专家们的指令,也客观地反映出亚马逊在招聘员工方面有重男轻女的倾向。

女性入职难的现象非常普遍。2018年,中国普通高校毕业生人数已经突破了800万(820万左右)。我国人社部公布的《2018年第四季度部分城市公共就业服务机构市场供求状况分析》显示,用人单位通过公共就业服务机构招聘各类人员只有438万人,也就是说,有超过380万的应届毕业生需要另谋他途。而在数以百万计的求职大军中,女大学生找工作的难度更大。化工类、建筑类、冶金类、运输类等很多用人单位明确表示不招女性,还有更多用人单位认为女性员工会因为生育问题导致招聘和用人成本增加，所以它们就都表现出了和亚马逊公司一样的重男轻女的用人倾向。

女性在职场中的晋升难度更大

作为全球最大的职场社交平台，领英（LinkedIn）针对中国职场的变化、人才分布和流动趋势做了大量的分析和深入的研究，其中涉及金融、高科技、制造、房地产、建筑、医疗等行业。领英将调查报告授权给了《环球科学》发布，该报告显示，女性比男性跳槽更频繁。女性平均每份工作的工作时长为 28 个月，男性则为 33 个月。也就是说，女性比男性平均每份工作的工作时长少 5 个月，而跳槽的原因主要集中在婚姻、家庭、生育、升职瓶颈等。

领英发现，中层管理岗位及以下的男女发展差异并不大，但向中层管理岗位及以上发展时，女性面临的阻力就会出现，也就是说，"透明天花板"的确存在。长期以来，女性领导总是被贴上优柔寡断、决策力缺失的标签。当人们听说有家公司在某位男性 CEO（首席执行官）上任后稳健发展时，人们普遍会认为这位 CEO 很有领导才能；但当人们听说有家公司在某位女性 CEO 上任后稳健发展时，人们却很少把这种成绩完全归功于 CEO 的领导才能，而可能会认定那是公司市场扩张的自然结果。

卡内基-梅隆大学认知心理学博士特蕾泽·休斯顿在《理性的抉择：女性如何做决定》一书中谈到这样一件事：玛丽莎·梅耶尔

于 2012 年出任雅虎的 CEO，她在上任后宣布叫停了"在家办公制度"，随后就遭到媒体的抨击，持续时间长达数年。巧合的是，同一年，百思买公司任命了一位新的男性 CEO 胡伯特·乔利，他也叫停了"在家办公制度"，但媒体并没有特别关注此事，更没有针对他本人发表评论。而事情其实是这样的：梅耶尔的举措只涉及雅虎公司内 200 名员工，但乔利的决策却影响了百思买公司 4 000 多名员工的生活方式。也就是说，同样的管理举措，后者波及的人数是前者的 20 倍，这一举措的发起领导没承受任何额外的社会舆论压力；前者却在多年以后仍然无法摆脱这种负面评论的阴影。①

脸书（Facebook）首席运营官谢丽尔·桑德伯格在其著作《向前一步》中说："事实真相会带来痛苦，但知道真相的痛苦总比被蒙在鼓里的快乐要有益得多。"② 面对职场中晋升的困难，我们不应气馁，更不必抱怨，只需展示自信并发挥实力，充分发挥我们作为女性的独特优势，比如沟通与协调能力、商业谈判能力、天然的亲和力、洞察他人细微情感的能力等，就能开辟出属于自己的一片天地。

女性的收入水平一般比男性低

《法制晚报》（前身是《北京法制报》，于 2019 年 1 月 1 日休

---

① [美]特蕾泽·休斯顿. 理性的抉择：女性如何做决定[M]. 张佩，译. 北京：北京联合出版公司，2017：前言 2—3.
② [美]谢丽尔·桑德伯格. 向前一步[M]. 颜筝，译. 北京：中信出版社，2013：90—91.

刊）在 2018 年年底发布了《2018 中国女性职场现状调查报告》，报告显示：女性整体收入比男性低 22%。处在婚育阶段、被动失去晋升机会这一客观因素仍然是女性区别于男性在晋升路上最大的绊脚石。有机构调查显示：女性在 22~29 岁时的收入水平高于男性，而在 30 岁以后的收入水平远不能与同龄男性相提并论，而造成这种后期收入差距的原因是其子女的出生。自此以后，这种差距再也没能缩小。女性在大型上市公司中担任 CEO 的比例不足5%，平均薪酬也低于男性，而她们的穿着打扮总会成为人们的焦点，言论也总被挑剔和夸大。

很多女性管理者都有类似的感慨：如果想要和男性同事获得同等水平的收入或同等级别的职位，必须有更高的能力并做出更突出的业绩。这一方面是用人单位的问题，另一方面也是女性自身的问题。敢于据理力争并表现出足够的自信往往是女性较为缺失的能力。

认识自己：女性有别于男性的七大生理特征

女性总是容易被外界指责过于情绪化，所以，当女性多愁善感或情绪低落时，就会对自己产生不满，认为自身性格方面可能存在缺陷。其实这是女性的先天优势，女性在感受和表达情绪方面天生就比男性强，尤其是在月经期、妊娠期、产后、更年期等阶段，女性总会捕捉到很多平日里被忽略的信息。女性如果能够理解自身生理周期和心理变化的规律，就能很好地处理生活和工作中的问题。女性的同理心、直觉和观察能力比男性更胜一筹，所以能更好地关注孩子的需求、伴侣的心理及人际关系中的细微变化。换句话说，女性感受到的情绪波动很正常，这是一种健康的表现，更是女性智慧的源泉。但我们首先要了解自身有别于男性的特点，才能更好地调整和完善自己。

女性大脑比男性大脑轻且小

女性的大脑平均比男性大脑轻 150 克，大脑体积也明显比男性小，就连大脑内所包含的脑细胞数量平均也要比男性少 40 亿个（女性有 190 亿个，男性有 230 亿个）。尽管脑细胞的数量和人的智力没有直接关系，但两性大脑的"带宽"[①]确实存在差别。大脑是我们集中处理信息并对外界信息进行加工和反馈的中心，它的重量只占人体的 2%，却要消耗人体摄入能量的 20%。所以，当遇到的事情太多、压力过大时，女性大脑更容易出现"带宽"不足的现象，所以也更容易焦虑。

[①] "带宽"指在单位时间内网络可以传输的数据量。此处可以理解为人的大脑在单位时间内可以处理的信息量。

月经期间会出现激素失衡现象

女性在月经期间，大脑中有三种激素会失衡，即雌激素、叶黄素和睾酮。所以，有时候你会发现自己那几天的脾气特别暴躁，想法也更容易偏激，好像自己是另一个人。所以，经期尽量别饮酒，因为饮酒之后体内需要分泌解酒酶，而经期女性体内解酒酶的分泌量会减少，肝脏就得承受额外的负担去制造解酒酶。于是，你会发现自己在经期更容易醉酒，而肝脏则会因此受到更大的损伤。

女性大脑在分娩后会有所改变

女性生完孩子后，大脑内的灰质①会减少。这是为了释放女性天然的母性。②女性生完孩子后会变得敏感，对人的情感因素更为关注，直觉更为发达，总是能轻易感知别人情绪的变化。这种异于平时的脑区功能是为了更好地关照婴儿的内心变化，当然，副作用就是母亲自身容易焦虑。

---

① 灰质，Grey Matte，中枢神经系统的重要组成成分。
② 西班牙巴塞罗那自治大学和荷兰莱顿大学的研究人员在《自然神经科学》杂志上的文章指出，扫描 25 次产妇的大脑后，他们发现，产妇在怀孕之后，大脑结构会发生改变，这一变化的时间可持续至分娩后至少两年。这种改变主要是由于大脑灰质变少，思维状态和情感的改变都有利于新母亲满足孩子的需要，更贴近孩子，而第一次成为父亲的男性大脑的灰质没有发生变化。

女性更容易失眠

加拿大麦吉尔大学的专家米尔科·迪克西主持的一项研究发现,男性大脑合成血清素[①]的分泌速度比女性快52%,而血清素在保持良好的情绪和睡眠中扮演着重要角色。所以,女性更容易失眠、抑郁和焦虑。

女性更容易形成反刍思维

所谓反刍,俗称倒嚼,是指某些动物进食一段时间以后将半消化的食物从胃里返回嘴里再次咀嚼。反刍思维是指某些人在经历了负面事件后,对事件、自身的消极情绪及其可能产生的原因和后果进行反复、被动的思考,而且总是忍不住要向身边的人倾诉。女性比男性更擅长语言和情感的表达,在遭遇不幸或心情烦闷后更容易出现反刍思维。

女性的皮肤更易衰老

女性的皮肤比男性的皮肤薄10%,皮下脂肪和胶原蛋白也要少很多。而皮下脂肪和胶原蛋白是用来滋润皮肤的,所以女性的皮肤更容易出现老化、干燥、出现色斑等症状。当同龄的一对男

[①] 血清素,Thrombocytin,负责传导愉悦的神经递质。

女携手步入婚姻后，女性总会衰老得更快。所以，女性的内心更容易患得患失。

女性的神经纤维比男性多一倍

女性每平方厘米的皮肤上有 34 条神经纤维，而男性只有 17 条。所以，女性大脑接收到的疼痛感要比男性高一倍，尤其是偏头痛、肩颈病等慢性病。

美国灵性导师希拉里·哈特在《女性身体的智慧》一书中说：女性的身体、能量系统、大脑及激素都对生命的波动有特殊作用。女性的身体周期与能量、情绪的充盈和枯竭周期同步，与爱和渴望同步。这让我们可能在今天极度渴望着被填满，明天便会被在自己之内的和周围的能量吞没。我们只需要发展出这样的意愿——愿意开始踏上一场人生之旅，那早已开始的旅程。[①]

当我们全面了解了两性之间不同的特征之后，就能对自身的性别特质有客观的认知，知道该如何发挥女性自身的优势，也能更理性地面对性别歧视。

---

① [美]希拉里·哈特.女性身体的智慧[M].冯欣，姬蕾，译.北京：世界图书出版公司，2017：162.

跳出刻板印象威胁理论

社会上存在很多对于女性的刻板印象，比如：女博士不好嫁、女性不擅长理科、女司机驾驶技术差、漂亮的女人不专情、女人见识短等。

刻板印象威胁理论的含义

刻板印象威胁是一种自我验证的忧虑，是一种个体经历的心理风险。简单来说，就是当一个人担心自己的行为会验证所属某个群体的刻板印象时，反而会表现得更趋近于这种刻板印象。因为他人所评述的刻板印象会令人心烦意乱，即使不去理会也需要承受额外的心理负担，进而降低了工作效率，行为表现自然就不尽如人意。

比如，很多女性原本是享受驾驶乐趣的，但在多次遭到他人的负面评价后，便开始尽量避免开车，甚至在不得不开车时，也变得没那么熟练自如了。

刻板印象威胁理论通常表现为：

- ♥ 有人告诉你一个期待（通常是负面期待）：对方认为你属于某个群体，而那个群体的所有人都不擅长某项任务。

- ♥ 然后，你会嗤之以鼻、不屑一顾，但由于被对方轻视，你内心产生了压力。你想要证明给对方看，你其实是可以胜任那项任务的。

- 结果，你在完成这项任务时，因部分心力和精力用于对抗内心的压力，无法认真完成那项任务，最终任务完成得不尽如人意，或者干脆有失水准，也就应验了对方的预期。

- 对方因此而更坚定地认为你不行，然后你很苦恼，更多脑力因此被分散。重复多次之后，你在完成那项任务时，会产生负面的心理暗示和消极的心理阴影——这就形成了一个怪圈。

如何应对刻板印象威胁理论

1. 我们在了解刻板印象威胁理论的内容后，就会具备一定的心理免疫力。当我们被他人莫名其妙地贬低或嘲讽时，我们还是会感到不自在、焦虑或不安，但我们很快会意识到这只是对方对我们所属某个群体的刻板印象，因此，我们受到的影响就会小一些。

2. 我们可以运用自我肯定法——使用积极的自我暗示，如"我没问题""我是最棒的""我很优秀"等语句，抵消负面心理。如果你发现收效并不明显，可以试着增加重复的次数和频率。

3. 花点儿时间写一些具体的事例，以印证你并不是这样的，用此方法将这些信息内化。你会发现，这些事实就摆在眼前，不容争辩，这种负面评价对你纯属无稽之谈。之后，你内心的压力和消极情绪就会很快消失。

5 招应对职场中的性别歧视

适者生存,而变化才能适应。针对职场中的性别歧视,我们至少要从 5 个方面进行改变。

适者生存,加倍努力

抛开性别因素,我们必须面对竞争。实力是尊严,胜任是立足之本。女性若要取得与男性同等水平的成功,就要付出更多的努力。这就是事实,唯有一批又一批杰出女性崭露头角,才能从潜意识中淡化大众的性别歧视心理。

增加底气,提升自信

我们生而平凡,后天的勤奋是差距产生的根源。基于勤奋,人才会成长,才会拥有自信的底气。外界对我们的认知通常源于我们对自身的评价。所以,女性要经营自己,让自己充满自信。只有这样,别人才可能对我们产生更多的信任。

关注文化,发挥优势

法国哲学家爱尔维修说过:"人是环境的产物。"每个人都有自己的背景，谁都难逃这种背景对自己的影响，所以我们需要关注企业文化，并使自己适应这种文化。所谓企业文化，是指一个组织由其价值观、信念、仪式、符号、处事风格等构建的特有的文化形象。简单来说，企业文化就是企业鼓励什么行为、宣扬什么精神、重视什么特质等，你需要格外关注。同时，你需要结合自身优势进行相应的调整。

理性客观，修炼心态

谁都不知道自己还能活多久，但我们都表现得好像自己还能活很久一样。每天会笑，会哭，为一些毫无意义的事情或喜或悲。直到有一天，我们的人生走到尽头，活成了别人口中的"反面教材"；或者直到我们老态龙钟，才发现自己还是一事无成。所以，当我们情绪波动时，我们可以接受它们，充分体会每一种感受，因为那都是生命潮汐的证明。但更要修炼心态，让自己做事情时是理性和客观的，因为谁都不可能活在想象中。

更换平台，重新择业

雷纳·齐特尔曼在《富人的逻辑》一书中说："根据对德国富人的一项调查，他们当中有 2/3 的人在工作期间至少换过一次职业。这不是指在另外一家公司从事相同的工作，而是从事一份截然不同的工作。调查发现，91% 的企业家都是如此，不过在中产人士中,这种情况的比例不足 40%。研究发现,在工作期间变换职业的人发展为富人的可能性增加了 5 倍。"[1] 如果女人当真了解自己并懂得发挥自身优势,往往能取得让男人都钦佩的成就。我支持变化,包括跳槽,甚至换行业。因为人总要做自己喜欢做的事,生命才不会被辜负。但我们是成年人,如果只是为了逃避问题或一时兴起,那就毫无意义。

---

[1] [德]雷纳·齐特尔曼. 富人的逻辑[M]. 李凤芹,译. 北京:社会科学文献出版社,2016:34.

11

遭遇性骚扰，不是你的错

每个女人都该学习一些女性主义的知识。这个社会，在很多方面，男性都占据了优势位置，隐藏了很多男性霸权，女性首先要意识到这一点，对此敏感，有社会平等的概念，然后才能做到自我保护，才能避免被这个男权社会奴役。
——梁文道

当你选择了沉默，对方便摩拳擦掌

职场性骚扰

所有性骚扰事件的结局总是惊人地相似：你沉默，事情就不了了之；你追究，事情就满城风雨。据北京一家妇女法律咨询服务中心的负责人介绍：从 2007 年开始，他从中国 12 个省市的 190 个投诉当中，选择代理了 50 起典型性骚扰和性侵案件，其中职场性骚扰有 18 件，占全部代理案件的 36%。

她们选择忍耐的六大原因

很多女性在遭遇性骚扰后，总奢望能找到两全其美的策略：既不得罪对方，又能遏制对方的邪念。深入探究，可知她们选择忍耐无外乎以下原因。

缺乏自我保护意识

当你选择了沉默,对方便开始摩拳擦掌。或许你只是不想再继续被纠缠,所以选择沉默。那么,换个角度思考,倘若你有女儿,你会任由女儿被人如此对待并在事后一言不发吗?当然不会。说到底,我们还是缺乏自我保护意识。

事后没有明显的外在伤害

美国女性心理学家哈丽特·勒纳在其著作《生命中的不速之客:超越恐惧、焦虑和羞耻感,活出自在人生》中提出男性和女性处理羞耻的方式不同,她说:"男人通常能忍受羞耻的时间不到一毫秒,他们会立刻把羞耻转化为更'男人'的表现,如暴跳如雷和蛮横霸道……女性在更多情况下倾向于忍受和内化,结果却造成深深的缺陷感和痛苦的孤独感,觉得自己丑陋、无能、无助。"[1]

性骚扰对女性身体造成的伤害并不明显,更多的是心理冲击。所以,如果当事人不主动说出来,其身边的亲友便很难发现,最终造成当事人心理留下阴影、施暴男性更猖狂的结局。

对方是领导或客户

若没有身份上的优势,对方也不会色胆包天。很多女性会迫于对方的身份,无奈选择忍气吞声。

---

[1] [美]哈丽特·勒纳. 生命中的不速之客:超越恐惧、焦虑和羞耻感,活出自在人生 [M]. 钟达锋,译. 北京:机械工业出版社,2018:256.

怕被别人非议

多数人缺乏勇气,不敢面对外界的评价。这种忍耐的行为无益于自己的精神状态,因为当你选择独自面对这种遭遇后,每分每秒,只要想起这件事,内心的快乐就会被痛苦蚕食。

法律不好界定

法律对此类案件的判定需要明确的证据,但此类事件的很多情形是突发的,来不及搜集证据,所以事情就很棘手,受害人也很被动。我们必须熟悉这方面的法律细节,才能更好地使法律为我们所用。

潜规则

某些行业或许存在潜规则:你付出青春的资本,然后达到既定的目标。但每个行业都有更多的人凭借自身实力得到了很好的发展。所以,每个人都应该坚决拒绝潜规则,用勤奋和专注赢得自信,获得尊严。

如何应对性骚扰

肖赛男大学毕业前在一家商业银行实习,但转正的名额有限,一位领导便经常借机对她动手动脚。肖赛男如实向家人反映了这件事,也做好了相应的心理准备。当这位领导又一次"不老实"的时候,她一边悄悄按下手机的录音功能,一边用语言引导对方,让对方说出不少有实证的内容。事后,肖赛男到单位辖区派出所报了案,并把录音文件交给了警方。当晚,她的父母又托朋友联系了当地报社的记者。第二天,她在银行内部论坛上发了公开求助信,记者更是到银行要求公开报道此事。几天后,银行便做出了开除那位领导的决定。后来她在银行留了下来,如愿转正。

这件事情之所以大快人心,原因如下。

- ♥ 肖赛男借助了媒体的力量,这给银行施加了恰如其分的压力。
- ♥ 这家银行由民间资本设立而成,对舆情高度重视,所以决策相对灵活。
- ♥ 肖赛男懂得自我保护,在第一时间掌握了证据(现场录音),最终保护了自己的切身利益。

通过肖赛男的经历,我们不难总结出一些经验。

与领导或客户应酬,你被频繁劝酒时

- ♥ 你可以道歉并表明自己不胜酒力,请大家海涵。
- ♥ 若对方不为所动,你可以找借口暂时离席。
- ♥ 与亲友分享你的位置并让亲友来接你,消除隐患。

发生非正常肢体接触(如摸手、肩膀、头等)时

- ♥ 你一定要及时躲开,明确表示不接受。
- ♥ 事后一定要注意调整和对方的距离,避免单独接触。
- ♥ 还要向亲近的同事倾诉,同时全面了解对方的情况。

被他人不正常注视而感到不悦或不安时

- ♥ 想办法离开。
- ♥ 若暂时无法离开，就调整位置或用物体进行遮挡。
- ♥ 凶狠或鄙夷地回视对方的眼睛。

当对方用暧昧的语言挑逗或暗示你时

- ♥ 请记住，不加理会也是一种态度。
- ♥ 如果是网络沟通，就即时截屏并保存，然后继续不加理会。
- ♥ 若是在工作中，则尽量与对方保持距离。

当有人在你面前肆无忌惮地讲黄段子时

- ♥ 要意识到这是不尊重女性的信号，要明确表示不接受，或至少做到正襟危坐、表情严肃，否则对方会变得肆无忌惮。
- ♥ 女性需要适时宣告底线。优秀的女性更懂得如何赢得尊重，也更善于让男性的邪念自生自灭。所以，你可以果断离开。

谁敢欺负你，就让谁付出更惨痛的代价

虽然法律是受害者的有力武器，但如果我们不了解相关法律或自身太软弱，法律则形同虚设。

三大取证技巧

录音

你要熟悉操作手机的录音功能并设置快捷键,这样便于操作。在录音功能开启后,要尽量引导对方把话说明白,有实质内容的录音才有用。你可以假装不懂,懵懵地问对方一些涉及两人有肢体接触、语言暧昧的话。可供录音的内容包括:

- 骚扰性语言。
- 电话录音。
- 现场对话。
- 任何能证明对方行为不轨的声音。

录像

性骚扰事件通常会有酝酿期,且骚扰行为会重复出现,所以:

- 在首次没能掌握有力证据时,你可以暗中安放录像设备,以求有所收获。
- 很多公共空间,如电梯间、地铁站等都有监控设备,要记得事后取证。

保存文档

文档类信息通常都具备法律效力,要慎重操作手机的清理功能,因为聊天记录会附带时间信息。还有其他与事件相关的文档类信息,比如:

- 挑逗或骚扰性的书面文字。

- 与工作毫不相干的信息。
- 事件进展类文档，如对方的保证书、单位对他的书面处罚文件等。
- 短信、邮件或其他即时性沟通软件中的相关文字信息。

事后捍卫自身权益的两条思路

我国对于职场中性骚扰的犯罪嫌疑人量刑较轻（《中华人民共和国治安管理处罚法》第42条第5项规定：多次发送淫秽、侮辱、恐吓或其他信息，干扰他人正常生活的，处5日以下拘留或者500元以下罚款；情节较重的，处5日以上10日以下拘留，可以并处500元以下罚款），所以需要广大女性增强这方面的意识和捍卫自身权益的能力。对于遭遇性骚扰的朋友，若有可能，我愿意用怀抱给你力量，用倾听送你温暖。待你平静以后，我会告诉你：怕什么就要面对什么。有两条思路可以捍卫自身权益。

学会与当事人沟通的技巧

- 尽量避免与对方独处，尤其是在封闭的空间里。
- 调整自身状态，尽快摆脱不良情绪，用理性和智慧面对事实。
- 事后尽量与对方进行文字沟通，有可能也会得到有力证据。
- 如果对方只是对你挑逗，没有实质行为，你不妨假装不经意地展示自己的强大背景，如告知对方你有强悍的男朋友、凶恶的父亲、资深的媒体朋友等，让对方知难而退。
- 金蝉脱壳：运用智慧，灵活应变。

- ♥ 大声喊出来，震慑对方，无论什么人，做贼必心虚。

向他人（或相关组织）求助

2005年修改的《妇女权益保障法》第40条规定，"禁止对妇女实施性骚扰。受害妇女有权向单位和相关部门投诉"。这是我国立法史上第一次清晰地对"性骚扰"做出规定。[①] 每位女性都应在平时注重积累相关的人脉资源。

- ♥ 向信任的师长求助。你的难题对他们来说可能很好解决，尤其是对女性师长来说。

- ♥ 向更高级别的领导反映情况。如果你平时和高层有联系，关键时候就会知道该找谁。即使不知道，也别怕把事情捅破。这种事就是要闹得满城风雨，才能让当事人付出代价。

- ♥ 约见当事人的亲友。借助公司的联谊会，结识当事人的亲友。一旦事件发生，当事人那里无法突破时，你就有了更多选择。

- ♥ 在内部找支持者，群起而攻之。性骚扰现象很普遍，若掌握了证据，就要大胆地在公司内部找同盟。曾有学生在大学被教授骚扰，学生把教授对她的挑衅信息打印并张贴在学校公告栏上。结果第二天，公告栏上出现了很多相似的信息，还有很多同学贴出了对教授的控诉，最终那位教授被校方辞退。

- ♥ 运用网络。媒体的力量不容小觑，毕竟社会舆论是企业的生命线，企业越重视，事情越容易解决。

- ♥ 向派出所报案。

[①] 参见《人民日报》（海外版）2005年7月2日第三版。

- ♥ 向法院起诉。

关于创伤后应激障碍

为什么在印度针对女性的案件频发

印度国家犯罪统计局的数据显示：印度每 3 分钟就有一起针对女性的暴力事件发生，每 22 分钟就有一起强奸案发生。一些西方媒体将印度首都新德里称为"强奸之都"。印度前总理辛格也曾痛心疾首地表示："强奸和杀婴是印度的两大国耻。"为什么印度女性每天裹得严严实实，还会招来伤害呢？原因如下。

- ♥ 印度国民受教育程度较低，法盲的存在直接导致犯罪率高发。
- ♥ 印度还在默许"种姓制度"，这种制度导致其性别歧视严重。
- ♥ 印度对这类案件的受理时间太长，司法审判的低效助长了犯罪分子的气焰。

创伤后应激障碍

创伤后应激障碍（Post-Traumatic Stress Disorder，缩写为 PTSD）

是指个体经历、目睹或遭遇一个或多个涉及自身或他人的实际死亡，或受到死亡的威胁，或严重受伤，或躯体完整性受到威胁后，所导致的个体延迟出现和持续存在的精神障碍。遭遇创伤后，女性比男性更易受创伤后应激障碍困扰。根据目前的循证医学[①]，心理治疗是根治创伤后应激障碍最有效的方法，常见的治疗方法有：认知行为治疗法、催眠治疗法、眼动脱敏与再加工法、精神分析疗法等。

当人们面临无法避免的挫折或挑战时，身体会自动发生一系列变化，如心跳加速、大脑高速运转、手脚充满力量等，这都是正常现象。但如果事情发生后数月仍无法恢复，就需要接受心理治疗。失眠、易疲劳、情绪激动、焦躁不安、多疑、孤独、对外界兴趣减退、对工作感到厌倦等症状都是创伤后应激障碍的先兆。

很想告诉你的三句话

我之所以提及印度女性暴力案件高发，是想让女性读者别自责，多读几遍下面的文字。

他冒犯你和你自身无关

或许有人会说你举止不端，你要忽视这种说法。他人之所以那么说，是因为他们的内心存在偏见。发生这种事只能说明对方品质恶劣、心术不正，而你，只是单纯的受害者。

[①] Evidence-Based Medicine，EBM，即遵循证据的医学，又称实证医学。

从了解自己到深爱自己

你经历了怎样的努力才走到今天,只有你最明白。走出这件事对你造成的心理阴影是一段必经的心路历程,这段历程只能由你自己走完。先要了解自己,才能深爱自己。深爱自己不是无条件地满足自己,而是用尽力气放过自己,通过不断的努力让自己对自己满意;深爱自己就是好好照顾自己,给自己的身体提供健康的食物和积极的精神养料。我经常在给女儿们洗完澡后,为她们裹上干爽柔软的毛巾,然后在她们耳边轻声低语一句话,那句话现在也送给你:"亲爱的,你配得上这世间所有的美好。"

一切都已过去,你的未来在你手中

如果在家不开心,记得借助网络或其他方式找寻和你有一样经历的姐妹抱团取暖。我们每个人都需要社会的支持,才能变得更坚强、更勇敢。人的一生总会历经风雨,但问题不在于你经历过什么,而在于你如何面对未来。

哥伦比亚画家艾玛·雷耶斯本就是个私生女,4岁时又被母亲抛弃。她在贫穷的修道院煎熬地度过了15年。在恶劣的生长环境中,她记住的却是门缝中透过的光亮、小伙伴分享给她的半个橘子、人生中收到的唯一一个礼物——一个洋娃娃。她在《我在秘密生长》一书中说:"不要悲伤,悲伤的人会被魔鬼利用。"[1] 她看到过魔鬼,也体味过温情,身体被禁锢,灵魂却一直在飞翔。她

---

[1] [哥伦比亚]艾玛·雷耶斯. 我在秘密生长[M]. 徐颖,译. 海口:南海出版公司,2017:143.

最终成了一名画家,她的画作充满生命的张力,色调鲜艳,造型奇特。当年,她的画展甚至吸引了西班牙画家毕加索先生前去参观。

为了让心头的阴霾消散,你可以尝试以下方法。

- ♥ 在夜晚,关上房门,写下心里的感受,想到一句就写一句,就像在和自己对话一样。把在心底的话写出来,让自己透口气。
- ♥ 清晨起床,洗个热水澡,找一家喜欢的咖啡厅。点一份最爱的甜点,好好放松一下。想想你梦想的生活是怎样的,拼命去想,让思绪完全沉浸在未来。
- ♥ 午休后试着坐起来,放空思想,全心投入去阅读一本心爱的书。

12

人要同情自己的愤怒，与自己和解

如果能左右自己的思想，就能够控制自己的情感。
——克莱门特·斯通

作为一名银行柜员，吕雪雁每天要面对形形色色的客户并处理各种各样的银行业务。在研究生毕业后加入公司时，公司领导对她寄予厚望，她在入职培训中的成绩也非常突出。但开始实际工作不到半年，客户对她的投诉率却与日俱增，这让领导非常失望，她自己也非常懊恼。客户投诉她的理由几乎都是服务态度恶劣，而她也因为每天要对陌生人笑脸相迎而为难。虽然每次事后她真的很后悔，但她总是控制不住自己的脾气。

人的皮肤如果受到较为严重的创伤，即使在愈合之后也会留下疤痕。与这种身体机能类似的是，当人们经历了某个较为重大的事件，其中的琐碎细节可能会随着时间的推移逐渐被遗忘，但事件带给人的情绪记忆很难消散。

你留意过自己的"情绪疤痕"吗?

假性遗忘

法国小说家马塞尔·普鲁斯特在其作品《追忆似水年华》中感叹自己早已淡忘了年轻时在法国和叔叔婶婶度过的时光,但一块蘸了酸柠檬花茶的蛋糕的味道,就让他回想起了当时的情景和感受。

一个人、一首歌、一个特定的场景,或是一种味道,都能轻松唤起人们尘封已久的情绪记忆。你以为自己早忘了,结果再次想起时,那种感受依然清晰无比。我把那些让我们感到不悦的情绪记忆称作"情绪疤痕"。无论你承认与否,它其实一直静静地潜伏在你的记忆深处。皮肤具备复原功能,处理不好会留疤。人的心理也一样,在事情发生后,若事情带来的情绪波动没得到很好的处理,就会像疤痕一样印刻在心底。这种复原机制是心灵的自我保护机能,又被称作"假性遗忘":你以为自己放下了,其实一遇到某种外在刺激,旧伤就会复发。

管好你的"坏抽屉"

美国知名的婚姻和家庭问题治疗师朱迪斯·P. 西格尔在其著作《情绪勒索》中用类比的方式解释了人类大脑关于情绪记忆的特

征：在记忆储存库里，有积极向上的事件存储"抽屉"，以及并不期望再次发生的消极事件的存储"抽屉"。但是，这两个"抽屉"不可能同时打开。如果我们想到了一次积极的事件，那么，整个"好抽屉"就会随之打开。这时，我们便只关心那些让人感觉愉快的事物，而忽略掉了被隐藏起来的"坏抽屉"里的事物。同样，当我们想到坏事时，那我们就会只关注"坏抽屉"里的事物。这时候，可以抵御坏事的事物被紧缩在"好抽屉"里。如果我们只能想起"全好"或"全坏"的事件，就会做出过度反应。① 简单地说，一个人的记忆储存库中与坏事情相关的情绪越多，其情绪疤痕也就越多，这个人的情绪也就越容易失控。

怎样避免产生更多的情绪疤痕？

加拿大心理医生谢里·范·狄克在其著作《高情商是练出来的：美国大学里的高情商训练课》中说："尽管情绪十分复杂，我们却可以将它们分为两大类：一类是原生情绪，另一类是衍生情绪。"②

我简单地举个例子。

你和你的孩子在街上经过冰激凌店时，孩子很想吃冰激凌，而你没同意。结果，在你继续往前走了几步后，回头突然发现孩子不见了。当然，你几分钟后就找到了孩子。虽然你很快就反

---

① [美]朱迪斯·P.西格尔.情绪勒索[M].李菲,译.北京：文化发展出版社,2017：67.
② [加]谢里·范·狄克.高情商是练出来的：美国大学里的高情商训练课[M].程静,译.北京：北京联合出版公司,2017：2.

应过来，孩子只是在通过假装走失对你实施反抗，但你还是被吓到了。

在发现孩子不见时，你感受到的恐惧属于原生情绪；当你找到孩子并意识到孩子的反抗心理时，你感到的愤怒属于衍生情绪。若事后你只针对愤怒（衍生情绪）进行疏导，就很难真正复原，因为那份误以为丢失孩子的恐惧（原生情绪）还在。科学的做法是找个安静的地方，正视孩子的眼睛，告诉孩子你的恐惧，更要说明这份恐惧背后的爱。让对方感受到你的爱，而非愤怒，此类事情才可能不再发生。

美国心理学家伯纳德·金在其著作《情商大师：如何快速成为一个淡定的人》中提出，"人要同情自己的愤怒"。他说："培养自我同情能帮助你与自己的感受和谐相处，就好像父母坐在沮丧的孩子身边让他安心一样……全面的自我同情表示尽力认可、接纳并同情自己及感受中产生的一切。"[①] 每种刚硬的情绪背后都隐藏着一份柔软的情绪：你愤怒，可能是因为担心；你担心，可能是因为在乎；你在乎，可能是出于嫉妒。就这样，各种情绪来了又去，构筑成人类鲜活的生命体验。

愤怒其实是一种祝福

无益于解决问题的发脾气，都是在自虐。大部分人发脾气都源

---

① [美]伯纳德·金. 情商大师：如何快速成为一个淡定的人 [M]. 翁婉仪，译. 北京：北京联合出版公司，2018：61.

于自身情绪疤痕,与外界无关。美国制怒专家罗纳德·波特－埃弗隆和帕特里夏·波特－埃弗隆在《制怒心理学》一书中描述了多种不同的愤怒类型,如回避型愤怒、内向型愤怒、羞耻型愤怒等。罗纳德说:"愤怒是一种很重要的情感,它能告诉你有些事情出了问题,从而催促你采取行动,是一个你不能忽略的信号。但是愤怒也会导致很多问题,尤其当你深陷其中的时候。"罗纳德甚至认为愤怒是一种祝福,他在书中这样写道:"希望我们能接受愤怒的祝福,听取其中的信息,然后,把它轻轻放下,活出美好的一生。"[1]

愤怒是我们内心真实情感的表现,我们可以借由愤怒更加了解自己的内在诉求。一个人能了解自己真正要什么并不容易,通过审视自己的情绪进行内观是一个很好的途径。

具身认知理论的惊人发现

神奇的"拇指和中指实验"

英国赫特福德大学教授理查德·怀斯曼在《正能量》一书中谈到了"拇指和中指实验"。

---

[1] [美]罗纳德·波特－埃弗隆,[美]帕特里夏·波特－埃弗隆. 制怒心理学[M]. 罗英华,译. 北京:台海出版社,2018:210、214.

请伸出拇指，就仿佛你觉得某个东西很赞。然后阅读下面的文字：

唐纳德遇到了一个难题。过去的几个月里，他一直租住在一间公寓里，但是现在他想搬走。他的合同已经到期，但是房东拒绝退还押金。多次索要押金未果后，唐纳德越来越生气。一天，他再也忍受不了心中的怒气，拿起电话，将房东大骂了一顿。

你怎么看待唐纳德的行为？

你支持他在这一情境下做出这样的行为吗？

然后竖起你的中指，就仿佛你对某样东西很不满一样，重读以上段落。现在你对唐纳德的行为又有怎样的看法？

以上小实验根据密歇根大学杰西·钱德勒的相关实验设计。当人们边竖中指边读故事时，他们认为唐纳德具有攻击性；当人们边竖大拇指边读故事时，他们认为唐纳德并不那么具有攻击性，相反，他们认为唐纳德挺真实可爱。[1]

强大的具身认知理论

芝加哥大学心理学教授西恩·贝洛克在其著作《具身认知：身体如何影响思维和行为》中介绍了具身认知（Embodied Cognition）理论，它主要研究人的生理体验与心理状态间的关系。生理体验

---

[1] [英]理查德·怀斯曼. 正能量[M]. 李磊, 译. 长沙：湖南文艺出版社，2012：201—202.

可"激活"心理状态,反之亦然。我与不少企业家朋友分享过这样的技巧:建议他们把PPT(演示文稿)文件中尽量多的信息设置成按"上下轨迹"进出的动画模式,这样在现场观看他们演讲的所有投资人都必须随着演示文件的播放轻微点头,这其实是在他们无意识的状态下让他们练习点头(认可或赞许)。而我的这一灵感便来自这本书,书中这样写道:"让人开心的产品(比如士力架)从上到下在屏幕上滚动时,相对于从左到右的移动,前者的观众更喜欢该产品,也更有兴趣去购买。为什么?当人们的头从上到下跟随着糖果棒移动时,他们实际上是在点头称是。而当他们跟着物体从一侧移动到另一侧时,他们是在摇头说不。"①

高能量姿势是指四肢远离大脑,向更远处舒展,占据更多空间的姿势,这样的姿势会让人更舒服、更自信;低能量姿势与之相反,是类似于身体感到寒冷时的动作,这样的姿势会让人感到紧张和对抗。无论是你发觉领导要给你提意见的时候,还是难缠的客户把你"逼疯"的时候,你都可以让自己呈现高能量姿势,这样能有效避免负面的情绪产生。哈佛大学商学院教授埃米·卡迪在其著作《高能量姿势》中说:"虽然当你在想象中做某个动作的时候,你的身体没有任何变化,但是仅仅构想自己在摆出高能量姿势,也许足以引领你进入更有力量的状态。"②

---

① [美]西恩·贝洛克.具身认知:身体如何影响思维和行为[M].李盼,译.北京:机械工业出版社,2017:76.
② [美]埃米·卡迪.高能量姿势[M].陈小红,译.北京:中信出版社,2019:231.

具身认知理论对控制脾气的启示

基于具身认知理论,当我们意识到脾气来临时,就可以不用被动地、傻傻地等待脾气控制我们,而可以有意识地调整自己的身体状态和面部表情,以使情绪更快平复。比如,当你面对领导的苛责时,你可能感觉非常愤怒或委屈地想要一走了之,这时你不妨试着放缓呼吸节奏、舒展紧缩的双眉或让嘴角略微向上扬起。这样,大脑接收到身体所呈现的这些变化时,就会变得放松且平静。

生气竟然如此可怕

据《生命时报》[①]报道,生气对身体的危害非常大。

生气时身体的普遍反应

消极或敌对的想法喷涌而出、摔东西、尖叫、肌肉紧绷、眉头皱起、胃难受、血往上涌、心跳加速等,都是生气时身体的反应。

---

① 《生命时报》是中国第一份以"报道世界医药新成果,介绍健康生活新理念"为主旨的健康类周刊。

生气对身体的一系列损伤

伤肝

机体变化：体内会分泌儿茶酚胺，从而作用于中枢神经系统，导致血糖升高、脂肪分解速度加快、血液和干细胞内的毒素增加。

应对策略：接连大口地喝水，促进体内脂肪酸的排出，减少其毒性。

伤肺

机体变化：每分钟流经心脏的血液猛增，对氧气的需求激增，肺的工作量也激增。同时，激素作用于神经系统，导致呼吸急促，甚至会过度换气；肺泡无法放松，只扩张、不收缩，导致肺部受损。

应对策略：深度缓慢地呼吸几次。这样的呼吸能让肺泡得到休息，充足的氧气能改善大脑状态，让人冷静。

引发甲亢

机体变化：内分泌系统紊乱，甲状腺分泌激素过多。甲状腺是新陈代谢的重要器官，经常生气易引发甲亢。

应对策略：闭上眼、深吸气，低下头，下巴抵住胸，然后慢慢抬头、呼气。

免疫系统受损

机体变化：身体会分泌一种由胆固醇转化的皮质固醇。皮质固醇是一种压力蛋白,若体内积累过多,会阻挠免疫细胞运作,导致抵抗力下降,甚至让免疫系统攻击身体的正常细胞。

应对策略:转移注意力,看看天空、大树或某个具有美感的物件。

生气对女性的额外损伤

作为女性,我们还会受到额外损伤。

皮肤长色斑和脓包

生气时,血液会大量涌向面部,这时血液中氧气量减少、毒素增多,而毒素会刺激毛囊,引起毛囊周围的深部患上炎症,形成色斑。另外,生气会引发甲亢,内分泌失调,导致产生毒素,毒素刺激毛囊,形成脓包。尽管男性也会遭到类似现象的困扰,但女性因生气受到的损伤更严重。

更易出现胃溃疡

生气时,脑细胞会紊乱,引起交感神经兴奋并直接作用于心脏和血管上,导致胃肠中的血流量减少,蠕动速度变慢,食欲锐减,引发胃溃疡。虽然男性的身体也会出现类似反应,但大量的医学数据显示,女性在这方面的不良反应更为突出。

脑细胞加速衰亡

生气时,大量血液涌向大脑,致使脑血管压力增加,而血液里携带的大量毒素会使思维混乱，加速脑细胞的衰亡，严重时会诱发老年痴呆。对于脑容量本就相对较少的女性而言，这一点也需重视起来。

患妇科疾病的可能性增加

因卵巢功能和激素代谢均受高级神经中枢的控制，所以，神经中枢活动（如生气）会引发妇科病（如子宫肌瘤、卵巢囊肿等）。

乳房出现肿块

乳房周围分布着很多细微末端神经和血管。生气时体内毒素突然增多，血液变得黏稠，所以乳房周围的毛细血管会堵塞。而脾气大或不善排解情绪的人最容易患乳腺癌。

不过值得庆幸的是，我们可以通过一些科学的方法控制脾气。虽然女人天生就有情绪的周期性变化，但肆意发作只会搞砸了生活。要记住："会"生气的女人更可爱。

9个科学制怒的方法

养成随时"扫描"自己身体状态的习惯

你要经常在心里默念：

- ♥ 放松头皮,舒展额头和眉毛,我的眼神温柔而灵动,我的嘴角略微上扬。
- ♥ 肩膀放松端平,大臂放松,小臂放松,双手放松,背部挺直且放松,使腰部充满力量但不要过度用力。
- ♥ 感谢臀部肌肉让我轻松地端坐,感谢双腿让我自如地行走,感谢双脚支撑我行走。
- ♥ 放松左脚的脚趾、右脚的脚趾……

就这样,从头到脚扫描身体。这是一种即时、免费却非常有效的情绪内观,也是心灵对身体的抚摸。长久下去,你的身体自会用健康和轻盈的状态报答你。

调整体态,缓解情绪

你不用坐等情绪自然收场,而应主动采取行动,通过调整身体,使身体更快恢复平静。比如:

- ♥ 深呼吸(为身体带来更多养分)。
- ♥ 按摩胃部(减轻胃部不适)。
- ♥ 梳头(舒缓大脑皮层的神经)。
- ♥ 做出微笑的表情(基于具身认知理论,这样可以产生积极的情绪)。
- ♥ 为避免表情太难看,多照镜子调整表情(表情肌有记忆功能,经常做出难看表情的人可能会变丑)。

学会"闭嘴"

元朝的许名奎在《劝忍百箴》中概括了 100 种需要忍耐的情形,值得学习。第一忍是"言之忍":"白珪之玷,尚可磨也,斯言之玷,不可为也。齿颊一动,千驷莫追。"很多女性习惯"脱口而出",结果就"祸从口出"了。我们用两年的时间学说话,却要用一辈子学"闭嘴"。

人要学会"闭嘴"。尤其是女性,我们天生语言表达能力就比男性强,所以,对待很多事,我们很容易流于口头表达,不付诸行动。别人很少简单直接地听取我们口头上的要求,但总会不自觉地评估我们的行为。如果母亲想让孩子成长为积极乐观、努力拼搏的人,那么,最有效的方法就是让自己也成为那样的人,用行动证明自己——这就是"闭嘴"的艺术。

保护大脑,屏蔽不良信息

我们经历的事、结交的人和成长的环境都会成为我们思想中的一部分,所以我们必须保护大脑,使其免受不良信息的"污染",因为忘记比记忆难。

如何保护自己的大脑呢?

- ♥ 与人交流时,如果发现对方纯粹是在抱怨,你可以借口有事走开。
- ♥ 如果朋友圈里有经常分享负面情绪的人,直接设置不看对方的状态。

♥ 与人发生争执时，发现对方蛮不讲理，那么，马上道歉并停止纠缠。

总之，我们为大脑输入什么信息，大脑就会输出什么信息。保护大脑、控制输入品质，自然就能减少不必要的负面情绪。

随时"扫描"自己的音量、语气和语调

语言本身很苍白，我们要借助表情、肢体动作等非语言信息才能更好地表达自己。当我们发现对方没能真正理解或响应我们的想法时，我们的潜意识就会断定对方没听清楚，所以就会增加音量、加重语气，以使对方能够"听见"。其实这时候在对方眼里，我们已经动怒了，只是我们自己还浑然不觉。所以，我们需要随时"扫描"并控制自己的音量、语气和语调。

重复念出你的座右铭

专家曾授意专业演员在志愿者们不知情的时候激怒他们，再用不同的缓解愤怒的方法针对志愿者们进行测试，结果发现志愿者们的大脑电波在其中一种方法下总能最快地回归平静，这种方法就是：快速重复某些句子（通常是一些自己信奉的或积极向上的句子）。

和尚为什么每天都念经？宗教信徒们又为什么会祈祷？其中都有这个道理。所以，你不妨也找一些自己喜欢的句子，尤其是那些充满智慧的名言，让它们成为你的座右铭。这些话会影响你

的思想，尤其在你的情绪汹涌澎湃时，重复这些话语会让你保持冷静和乐观。

训练注意力，专注于现在而非过去和将来

美国健康心理学家凯利·麦格尼格尔在《自控力》一书中这样说道："人脑像个求知欲很强的学生，对经验有着超乎大家想象的反应。如果你每天都让大脑学数学，它就会越来越擅长数学；如果你每天让它忧虑，它就会越来越忧虑；如果你让它专注，它就会越来越专注。你的大脑不仅会觉得越来越容易，也会根据你的要求重新塑形。就像通过锻炼能增加肌肉一样，通过一定的训练，大脑中某些区域的密度会变大，会聚集更多的灰质。"[①] 大脑的特性是总在过去和未来跳转，很少专注于现在。我们的脑中总会有新想法出现，像只生命力旺盛的小狗，我们需要对它进行专业训练，让它对我们言听计从。

流言止于智者，愤怒止于制怒高手。虽然我们无法触摸情绪，但其传染力不容小觑，无数悲剧正是源于某个个体的情绪失控。人的注意力一旦沉浸于过去或未来，情绪就很容易波动。请仔细阅读下面的话，判断一下主角是正沉浸于过去或未来，还是正在接纳并专注于当下的情感体验。

[①] [美]凯利·麦格尼格尔. 自控力[M]. 王岑卉，译. 北京：印刷工业出版社，2012：24.

1. 周末的黄昏，李冉冉坐在卧室里生闷气：姐姐比她大三岁，她从小就穿姐姐的旧衣服。虽然这没什么，但她现在是大学生了，而且即将毕业，父母却不给她买新衣服。而她看上的那件大衣真的很漂亮，价格也公道。她在想，难道这就是她的命吗？

请判断：

沉浸于过去或未来　还是　接纳并专注于当下的情感体验

2. 宋晓芊正在图书馆查资料，一次重要的商业谈判在即，她必须全力以赴。如果她表现优异，她将迎来职业生涯的最高峰，否则就会让公司高层失望。坐在她旁边的一对年轻人让她很不自在，两个人根本没在看书，而是在聊天。宋晓芊有些焦虑，参考书太多，她无法借走，座位又有限，没有更安静的位置。她很想制止他们，又怕这样做更影响自己的心情。她想："难道是因为我不自信才过于焦虑吗？"

请判断：

沉浸于过去或未来　还是　接纳并专注于当下的情感体验

3. 卜敏正挤在地铁里，看来她今天又要迟到了。她想象着一会儿到单位，主管会怎么数落她；她还在想以后睡前坚决不玩手机，昨天睡得太晚了。地铁又到了一站，车厢里的人非但没少，反而更多了。旁边一位男青年可能没刷牙，嘴里有股恶臭。她忍耐着，忽然又想起主管对她的刁难。她忽然觉得自己特别惨："为什么我的家庭那么普通？为什么我一切都得靠自己？"

请判断：

沉浸于过去或未来　还是　接纳并专注于当下的情感体验

4. 肖金花正在给女儿喂饭，丈夫没好气地说："你就惯着她吧！"肖金花不解地问："我怎么了？"丈夫说："你喂她饭，她怎么会好好喝奶？一大瓶奶冲好了放在那儿，你瞎吗？"肖金花听完连忙停下来，说："我真没看见！我不喂了，幸亏你提醒。"丈夫说："什么没看见，你是不是缺根筋？"肖金花："是啊！你才知道啊！"丈夫这才说："还不去喂奶！"肖金花回答说："好！"丈夫没再说什么，但明显平静了很多。

请判断：

正沉浸于过去或未来　还是　接纳并专注于当下的情感体验

人类的大脑习惯于在过去和未来之间打转，像一个未经驯化的小猎犬一样，很难安安静静地专注于现在，所以我们才需要训练自己的大脑，让我们的意识逐渐习惯于专注当下。因为当我们沉浸于过去或未来时，总会平添烦恼；而接纳并专注于当下的情感体验才会有利于我们克制愤怒，超越消极情绪。在上述第一种情境中，李冉冉之所以在卧室里生闷气，是因为她的意识正沉浸于过去或未来，而非接纳并专注于当下的情感体验，因为她将"父母却不给她买新衣服"这一件事，无限延长至她的一生，最后得出一个"难道这就是她的命"的更糟糕的结论。相反，在第二个情境里，宋晓芊虽然被旁边的年轻人打扰，却能专注于自己当下的情感体验，从自己的衍生情绪"焦虑"中反思出自己的原生情绪"不自信"，这种理性的意识非常有助于她超越当下，战胜消极情绪。再看第三个情境，卜敏因为自己起床晚导致可能要迟到而不愉快，却在地铁里将所有细微的不愉快全都吸收，并纠结于自己的家庭出身，进而感到自怜，这是典型的"自寻烦恼"。相反，第四个情境中的肖金花却非常有智慧，她看似逆来顺受的背后是因为她有一颗充满智慧的心。面对还在喂奶的孩子，一大早吵架于事无补；丈夫的没好气显露无遗，此时的硬碰硬只能让事情变得更糟。与人沟通总要待对方冷静后才是适合的时机。肖金花很显然没有将丈夫的责骂延伸至过去或未来，而是接纳并专注于当下的情感体验。

简单来说，上述四个情境，1和3的正确答案为A；2和4的正确答案为B。

无论我们是否情愿，生活的轨迹总要向前延展。正如歌曲有起伏跌宕一样，我们难免要体会喜悲荣辱。让自己只专注于眼前的事情，快乐自然会常伴身旁。

提升自身的格局

心理学家曾向广大哺乳期妇女发出邀请，让她们带着婴儿看电影，并对电影打分，这样就可以获得酬金。很多哺乳期妇女前去参加，她们被随机分成不同批次，然后观看两种不同题材的电影（爱情片和爱国主义教育片）。在她们到了放映厅门口后，有工作人员给她们派发防溢乳垫,要求她们在观影时佩戴,并在离开时交还。专家们想知道:观看哪种题材的电影会增加妇女的泌乳量。

结果显示:看爱国主义教育片的妇女泌乳量更高。简单来说,人的精神格局被提升后,身体的反应也会更通畅。提升自身的格局,才能从根本上远离很多烦恼。

时刻不忘生命的意义

苦难的背后其实都具备某种意义,或者说暗含着某种指向性。德国哲学家尼采说过:一个人知道自己为什么而活,就可以忍受任何一种生活。美国畅销书作家曼迪·赫尔几次恋爱都以失败告终,被抛弃的经历曾令她苦不堪言,但在某个瞬间,她领悟了这份痛苦的意义。她想,或许自己能帮助失恋的或还在单身中却不快乐的女性朋友,然后便写了《安顿一个人的时光》,图书出版后非常受欢迎,她自己也成了畅销书作家。美国临床心理学家维克多·弗兰克尔在其著作《活出生命的意义》中讲述了他被纳粹关进奥斯威辛集中营后的经历。他的双亲、哥哥和妻子相继被送入毒气室,再也没有出来,他自己也经受了难以想象的折磨。但他没有放弃,在被解救后,他活出了更精彩的人生:创办了心理咨询界知名的意义疗法,拿到了博士学位,重新建立家庭,67 岁时考取了飞行员驾驶执照,80 岁时攀登了阿尔卑斯山……

人有不同的生理需求,这些需求使我们得以存活,但人只为这个层次的需求活着,就很难活得深刻;人还需要不同层面的心理需求,这些需求会使我们感到快乐,但当人只追求快乐时,就会忽视他人的价值与感受;人还会有精神需求,这些需求使我们得以感受自身价值,感受到我们的存在对他人的生命有帮助。人一旦找到了自身生命的意义,精神就会复苏,进而爆发无限的生命能量。

13

控制心态,掌控人生

当生活像一首歌那样轻快流畅时,笑颜常开乃易事;而在一切事都不妙时仍能微笑的人,是真正的乐观。
——埃拉·惠勒·威尔科克斯

健身教练李逸萍一向开朗健谈，她和几家健身房签订了教学合作协议，平常的工作就是按照课表准时给会员们上课。没事的时候，她就和在异地工作的男朋友视频聊天、自己在家网购或者和同宿舍的朋友一起买菜做饭。但随后的一个电话就让她变得心情沉重，再也笑不出来，宿舍的朋友甚至怀疑她人格分裂了。事情是这样的：她在农村老家的亲妹妹今年高考失利，死活不想复读，非要来上海找她，说是要向她学习，也当健身教练，好早点儿赚钱。而她自己和别人合租的房子根本容不下第三个人，存款的数额又实在少得可怜。她跟男朋友吐槽，男朋友却没有给予丝毫的回应，更是故意忽视她多次暗示结婚的信号。当父母告诉她，让她去火车站接妹妹时，她瞬间就觉得生活毫无意义。每天挥汗如雨地工作，却经不起生活的一丝风浪，她甚至觉得自己的命运既可怜又可笑。

当事情朝着我们期待的方向发展时，我们的内心通常是愉悦和乐观的，但事与愿违时，我们又很容易陷入悲观和自艾自怜之中。

保持乐观的心态绝非易事

请你假设这样一个场景：晚饭后，你在露天广场上散步，却突然遭遇非法分子的袭击——你的左臂中枪了。你认为自己当时会做何感想？我相信大部分人会说：

我怎么这么倒霉？！

我是不是要死了？！

人类进化至今，始终遵循着"用进废退"的原则，没用的功能逐渐就会退化。但为什么悲观思想还如此倔强地存在于人类大脑当中呢？因为悲观思想并非一无是处，盲目的乐观也会将人引入歧途，关键是如何保持理智的乐观，避免感性的悲观。关于悲观思想的用途，"做最坏的打算，尽最大的努力"向来是成大事者的典型心态。国家的发展需要用乐观的心态大胆尝试，也需要做最坏的打算来加强军事力量和国防战备；商业活动需要运用乐观的心态去策划和营销，但也需要以谨慎的商业布局和周密的财务计划做支持；一家人的旅行，需要用乐观的心态去接纳所有的不顺遂和疲累，也需要用悲观的思想提前计划时长和预算。我之所以说"保持乐观的心态绝非易事"，是因为人在逆境中很难不去设想更糟糕的状况，有了这样的设想之后，心态就会相应地受到影响。所以，在遇到挫折或重大事件的决策之前，考虑周全的同时还能保持乐观的心态绝非易事。

乐观需要后天学习，这虽然很难，但并非无章可循。

乐观思维测试与解析

美国心理学家马丁·塞利格曼在其著作《活出最乐观的自己》中分享了他的乐观箴言，他说："乐观可以预测赛场上的赢，悲观可以预测赛场上的输。这对于团队或个人都是适用的。解释风格在团队或个人面临压力时发挥作用，如，在输掉一场球后，或在最后几局时。乐观并非你可以凭直觉就知道的事。归因风格测验可以测出一些连你自己都不知道的东西。"[1] 美国社会心理学家弗里茨·海德是归因理论的奠基人，他认为人们如何解读事件的发生直接导致了人们后续的行为，针对同样一件事，每个人的归因风格不同，对这件事的态度和解读也会完全不同。

乐观思维测试

面临同样的遭遇，总有人越挫越勇，也总有人一蹶不振。你不妨做6道测试题，了解一下自己的认知倾向（乐观倾向和悲观倾向）。

> 1. 你和家人一起去尼泊尔旅行，整个过程都很愉快，但最后一天你发现自己的钱包竟然不翼而飞！你后来仔细回想，才意识到钱

---

[1] [美]马丁·塞利格曼. 活出最乐观的自己[M]. 洪兰, 译. 沈阳: 万卷出版公司, 2010: 153.

包是被一个当地人在有意冲撞你时偷走的。你们在当地报了警，却苦于没有线索，只好作罢。如果最近有朋友跑来咨询你去尼泊尔旅游的事，你会怎么想？

A. 建议朋友别去尼泊尔，因为那儿的人都是小偷。
B. 分享经验，也坦言自己丢钱包的经历。

2. 你最近签订了一个大项目，这个项目对公司的发展至关重要。事后你得到了一笔不菲的奖金，领导还打电话给你，让你准备在大会上发言总结，好让同事们向你学习。挂完电话后，你心里会怎么想？

A. 这个大客户真是我的贵人，我一定继续努力，也得好好准备发言内容。
B. 我既专业又真诚，所以客户们一向对我信任有加，当然也包括这个客户。

3. 你被行业内一群优秀的朋友邀请参加聚会，你也希望融入他们并得到认可。但在聚餐后，他们建议一起去打布丁球，而你对布丁球闻所未闻。虽然后来你努力参与，但你还是表现不佳。你难免有些郁闷，这时你心里会怎么想？

A. 看来我不太适合这项运动。
B. 看来我今天状态不好，改天我再好好练练。

4. 在公司的一次重要会议上，领导临时起意让你谈谈对公司战略的看法。你应变能力很强，发言深得领导的认可，会后领导还对你赞不绝口。事后，你心里会怎么想？

A. 太惊险了，幸亏我会前做了一些准备，要不然当时大脑肯定一片空白。
B. 这很正常，我平时很注重积累，在关键时候当然出彩。

5. 周末下午，你带着5岁的儿子在游乐园玩耍。一不留神，儿子摔了一跤，膝盖磨出了血痕。看着儿子无所谓的样子，你心里会怎么想？

A. 我这个当妈的太不称职了，平常要忙工作，周末带带孩子还让他受了伤。
B. 儿子真是长大了，没以前那么爱哭了。不过我得提醒他建立安全意识。

6. 你率领公司的几位同事参加了行业内举办的马拉松比赛，最终你们公司夺得团体综合得分第一名的好成绩。在颁奖仪式结束后，你心里会怎么想？

A. 这主要靠每一位选手的坚持和努力。
B. 这主要是因为我在赛前激发了选手们的斗志和激情。

乐观思维测试解析

你记下自己的答案了吗？如果你都选择了 B，那么，任何人生境遇都不会令你畏惧，反而会使你更加努力上进；如果你没有都选 B，也很正常，因为大多数人都是如此。上面的 6 道题可以分为 3 组，每两题为一组，每组包含一件坏事（B）和一件好事（G）。具体解析如下。

组 别	3种认知维度	题目序号	事件性质	悲观倾向	乐观倾向
一	范畴	1	B	集体、所有	个体、例外
一	范畴	2	G	个体、例外	集体、所有
二	时间	3	B	永远、长期	短暂、临时
二	时间	4	G	短暂、临时	永远、长期
三	个人价值	5	B	内在、自我	外在、他人
三	个人价值	6	G	外在、他人	内在、自我

第 1 题：你在尼泊尔遭遇小偷是件坏事（B）。如果你有悲观倾向，就会感觉尼泊尔的小偷很多，所以不建议好朋友前往；如果你有乐观倾向，你会认为那个小偷只是个例，尽管丢钱包影响了自己的生活，但不会抹杀所有美好的旅行回忆，你自然乐于向好朋友分享经验。

第 2 题：你因签下大单而受到领导的重视是件好事（G）。有悲观倾向的人面对好事，反倒会认为这是例外，很难感到自信和得意；有乐观倾向的人则会认为所有客户都信任他，所以有较高的自我评价，也自然能体会到饱满的成就感。

第3题：你初次接触布丁球，所以表现欠佳是件坏事（B）。如果你有悲观倾向，就会认为自己的表现不佳是永远的、长期的，所以得出结论："我不太适合这项运动"；如果你具备乐观倾向，你就会认为这只是暂时的，以后要多练习。

第4题：领导对你在会上的发言赞不绝口是件好事（G）。如果你有悲观倾向，就会把自己出色的应变反应归为运气，认为这是暂时的，而非你一直具备的素质；如果你有乐观倾向，就会把这次经历纳入自己卓越表现的"案例库"，认为这是自己长期努力的结果，进而更加自信。

第5题：儿子在游乐园受伤是件坏事（B）。如果你有悲观倾向，就会觉得儿子摔伤是因为自己失职，因而得出自己不称职的结论，进而感到痛苦和自责；如果你具备乐观倾向，就会想到儿子已经长大，要教会他保护自己，所以才会想培养儿子的安全意识。

第6题：你率领大家取得马拉松团体冠军是件好事（G）。如果你有悲观倾向，就会忽略自己作为领队的作用，认为这是同事们努力的结果；如果你具备乐观倾向，就会强调自己的领导作用，进而格外感到自豪。

不知你是否注意到一条规律：无论是悲观者还是乐观者，在不同的认知维度里，都存在思维方式上的矛盾。比如，乐观者面对领导的赞美，会认为自己一向就很优秀；而自己玩不转布丁球时，却觉得那只是暂时的。

任何人想要做出点儿成绩来，都必须经历挫折，而如何面对挫折决定着后续行为。乐观者具备自恋的倾向,而自恋的人会在坏事发生后的第一时间放过自己,留出更多时间去面对现实。悲观者则有自责倾向。诚然,我们只有意识到自己的不足,才会完善和改进,但自责的感受会给我们带来情绪障碍,让我们变得沉沦,难以很快有行动。

我并不是期待你变得完美,只希望你能收获乐观的思维方式。以后,如果你不开心,不妨反思一下能否换种思维方式。做父母的从不奢求孩子变得完美,只要他们快乐就好。我对你,也一样。

保持乐观心态的方法

克服恐惧是快乐的本源

时光的脚步从未停歇,我们探索着世界,感受着恐惧,也快乐地成长着。直到有一天,我们以为我们长大了。其实我们只是学会了避开所有令我们感到恐惧的事情。于是,成长停止了,我们也变得不再像以前那样快乐。我们一起来回望一下那些被我们战胜的恐惧吧。

♥ 我们害怕离开母亲那温暖的子宫,但还是扯着嗓子来到人间。

- ♥ 我们不敢独自面对学校那陌生的环境，但我们终究还是放开了大人的衣角。
- ♥ 我们害怕不受同学们欢迎，但还是交了很多好朋友。
- ♥ 我们害怕孤独，但心里还是有很多不肯跟别人讲的小秘密。
- ♥ 我们害怕长得太胖，但还是敢穿上最喜欢的衣服出门。
- ♥ 我们害怕被心上人拒绝，但还是大胆地表达着爱。
- ♥ 我们害怕长大，但还是迫不及待地离开了家。
- ♥ 我们害怕就业，但还是感受到工作带给我们的成就感。

其实，我们一直以来都在这样一种模式下成长着：一边感受着恐惧，一边小心翼翼地将触角伸向前方。战胜恐惧的同时，我们也获得了成长与快乐。

美国临床心理学家阿尔伯特·埃利斯在《控制焦虑》一书中介绍了"克制过度思考法"。他认为，像其他人一样，你变得焦虑的原因之一是你对情绪困扰因素中的不幸因素的错误认知或夸大。当然，你首先要接受恐惧感，然后才有可能战胜它。[1] 法国心理学家克里斯托夫·安德烈在《自我疗愈心理学：为什么劝自己永远比劝别人难》一书中这样说道："'接受'固然重要，但接受绝不是屈服或被动的同义词……一切感觉和情绪，尤其是我们不喜欢的那部分，对我们来说其实都是有某种好处的。"他还强调，"产生恐惧感不会带来任何危险……真正危险的是带着这些情绪联想到的情形……你的每一个行动都应该从现实出发，而不能从现实所

---

[1] [美] 阿尔伯特·埃利斯. 控制焦虑[M]. 李卫娟, 译. 北京：机械工业出版社，2017：74.

引发的情绪出发"。①

拥有全面客观的自我认知

英国社会学家安东尼·吉登斯提出了"自我认同理论"。他认为人的一生就是在不断地认识自己,你不断地与他人交往,在交往的过程中也不断地呈现真实自我的特性,所以你需要不断地认清和剖析自我。更重要的是,伴随自我认同的过程,还要不断地进行自我完善。吉登斯认为,并不是每个人都能完成这个过程,只有那些具有较高自我要求的人才能坚持做到。正如《论语·学而》中曾子的做法:"吾日三省吾身:为人谋而不忠乎?与朋友交而不信乎?传不习乎?"如果你能像陌生人一样看待自己、批判自己,并努力让自己趋向完美,就不会太在意别人的评价。

人是一种具备社会属性的高级动物,如果失去了与社会的联系,就很难了解自己。没有全面客观的自我认知,心态就很容易失衡。没有人能持久地保持平衡的心态,大家都在不断地调整,这是一种常态。你实现了目标,就会非常有成就感,否则,就会有挫败感;你的成功被人见证,你就会非常有荣誉感,否则,你就会有羞耻感。总之,每个人都要在跌跌撞撞、磕磕碰碰之后,才能真正看清自己,才能具备乐观的底气。

---

① [法]克里斯托夫·安德烈. 自我疗愈心理学:为什么劝自己永远比劝别人难[M]. 赵飒,译. 北京:中国友谊出版公司,2013:73—74.

拥有虚心和自谦的美德

老子在《道德经》第66章中说:"江海所以能为百谷王者,以其善下之,故能为百谷王。是以圣人欲上民,必以言下之;欲先民,必以身后之。是以圣人处上而民不重,处前而民不害。是以天下乐推而不厌,以其不争,故天下莫能与之争。"这个章节讲的是"不争"的政治哲学,他认为统治者应该懂得甘居人后,唯有这样,百姓才会感到为政者的宽厚与仁慈。推而广之,我们也能从中学到为人处世的道理。虚心和自谦是种美德,具备这种美德的人面对外界的评价,非但不会介意,反而会感恩,当然更会自省和改正。这样的人自然会比一般人少了很多烦恼。

具备"自虐精神"

"黑天鹅之父"纳西姆·尼古拉斯·塔勒布在其著作《反脆弱》中分享了他的思考:"你是否思考过'易碎'的反义词是什么?几乎所有人都会回答,'易碎'的反义词就是'强韧''坚韧''结实',诸如此类。但是强韧、结实的物品虽不会损坏,但也不会变得更牢固,所以你无须在装有它们的包裹上写任何字——你何曾见过有哪个包裹上用粗重的绿色打上'牢固'两字……总而言之,对'易碎'的包裹来说,最好的情况就是安然无恙;对'牢固'的包裹来说,安然无恙是最好的,也是底线的结果。因此,易碎的反义词是在最糟的情况下还能安然无恙。我们之所以将此类包裹冠以'反脆弱性'之名,是因为《牛津英语词典》中找不到一个简单的非复合词来描述'脆弱'或'易碎'的对立面,不造新词难以准确地表述这一概念。"①

他发现世界上有很多事物具备反脆弱性,比如坏消息,自古有就"好事不出门,坏事传千里"的说法;比如树皮,树皮被损伤过的部位总会长出又厚又硬的结;再比如人心,人的内心也具备反脆弱性,借用尼采的话说:杀不死我的,会使我更强大。

美国女作家海伦·凯勒自幼因病失聪且双目失明,但她战胜了自己,著有《我生命的故事》,还成了卓越的社会改革家,被授予美国公民最高荣誉"总统自由勋章",还被推选为世界杰出妇女。

亚辛·拉尼娅出生在科威特。20岁时,她遭遇了海湾战争,全家被驱逐出境。在约旦,她却因机缘巧合认识了当时的王子阿卜杜拉(Abdullah II Bin Al-Hussein),最终实现了从难民到王后的逆袭。

南丁格尔自幼生活富足,却想要做一名护士(在当时,护士的社会地位非常低)。多年间,她承受着家人的反对,在克里米亚战争中担任战地护士,被伤病员们亲切地称为"提灯女神"。她一生培训了上千名护士,出版了多本关于医院管理和护士教育的基础教材,推动了世界各地护理工作和护士教育的发展。也是因为她的努力,护理学成为一门学科,而她的生日(5月12日)也被设立为国际护士节。

---

① [美]纳西姆·尼古拉斯·塔勒布.反脆弱[M].雨珂,译.北京:中信出版社,2019:3.

太多的名人励志故事证明了人具备反脆弱性，想要拥有精彩的人生，就要具备"自虐精神"。如果你肯拥抱困顿和所有波折，便拥有了苦中作乐的品质，自然可以长期保持乐观的心态。

了解自己内心真正的诉求

美国社会心理学家亚伯拉罕·马斯洛提出了人的需求层次理论，他认为人具备五种不同层次的需求，即生理需求、安全需求、社交需求、尊重需求和自我实现需求。需求层次越高的人，精神境界也越高，其心态也越不容易受到外界的干扰。虽然每种需求都能给人带来快乐和满足，但很多人终其一生也没有实现较高层次的需求，他们活得浅薄、孤立、狭隘，没能真正体会到改变人类的自豪感、帮助他人的幸福感和实现自我价值的满足感。只有那些敢于面对自我、了解真正的自己、跟随内心诉求而勤勉行动的人才会有所作为，才会被人尊敬和传颂。我们每个人的终极目标都是在追求不留遗憾的人生，这虽然很难，但多了解自己内心真正的诉求，并为之努力，就一定能少些遗憾，多些快乐。

拥有坚实的自信

美国心理学家阿尔伯特·班杜拉提出了"自我效能感"，即人对自身能否利用所拥有的技能去完成某项任务的自信度。当然，没有人是完全自信的，而自信过了头就是自负。总有一些因素会影响人的心态,如果你在下列情况下心态失衡,请记得:实属正常,不必介怀。

师长的评价

因为你敬重对方,才会在意对方的评价,才会有心态上的波动。

自身过往的成就

因为突破了自我,感受到成长的喜悦,所以你会更新自我认知,心态自然也会随之变化。

自己身边熟悉的人的成就

你身边一个非常熟悉的人取得某种成就会让你的认知错乱,然后你会被迫更新自己的认知,心态也会随之变化。

高情绪唤起的场合

人都是环境的产物,我们的心态多少都会受到外界环境的影响。比如,即使不信仰宗教的人到了教堂,也会感受到某种神圣感及自身的渺小;虽然你正穿着人字拖在闲逛,但看见庄严肃穆的升旗仪式时,还是会感受到内心升腾起的民族自豪感和爱国热忱。所有仪式感都有其存在的意义,也总有些场合会让你产生情绪波动,让你心潮澎湃或心静如水。

我41岁才晋升人母,剖宫产下一对可爱的双胞胎女儿。所以我有一个心愿：希望给她们留下一栋属于自己的房子，房子不一定要非常大，但里面会满是温馨的回忆，更有满墙的书柜，上面摆满了她们的妈妈看过的书。这样，她们在未来的某个下午，阳光透过窗户照在她们早已不再稚嫩的脸上时，她们翻开了某本书，而那本书上有妈妈亲笔写下的感言，她们刚好也读到那一句，我的思想便在那一刻和她们有了交流，我想这也是一种陪伴吧。为了实现这份心愿，我大量地阅读。当然，我也很享受阅读的时光，内心也因此多了一份坚定与宁静。我的乐观源于勤奋，你的呢？

14 面对被排挤,勇敢走出去

一个伟大的人有两颗心:一颗心流血,一颗心宽容。
——纪伯伦

身材高挑的庄思卉是一位室内陈设设计师，她在学英语时还和自己的外教确立了恋爱关系。缘于语言能力、自身形象、努力程度等多种原因，她的工作成绩在公司里非常突出。但她越来越感到自己不属于这里，因为与她同时加入公司的同事多少有些嫉妒她，老同事又怕她抢走了自己的客户。总之，大家都和她保持着适当的距离。她也觉得自己非常优秀，所以慢慢也就习惯了独来独往，懒得和同事们交流。直到公司领导找她谈话，让她注意维护与同事的关系时，她才意识到问题的严重性。因为公司的本意是要提拔她为部门负责人，但大家对她的评价都不高。

女性应对危机特有的行为模式

女性应对危机特有的行为模式

心理医生朱莉·霍兰在《情绪女人》一书中说:"压力会促使我们发展社交活动,鼓励我们寻求帮助……催产素①在这一过程中起着决定性的作用,这种激素能够增进人际感情,让我们互相依偎在一起。应激反应不仅仅是皮质醇(Cortisol)和肾上腺素(Adrenaline)的作用,也不仅仅是'要么战,要么逃'的反应。在这方面,女性的表现更为明显,受催产素的影响,女性的应激反应通常还包括'照料和结盟'行为。"②

那么,何为"照料和结盟"行为呢?在远古时代,危险来临之际,男性只需要在"战"和"逃"之间选择就好;而女性平日则承担着抚育幼儿的责任,所以,她们不能只考虑自己,必须保全幼儿的安危(照料),同时寻求可以借助的外部力量(结盟)。女性这种应对危机的特有模式潜入了我们祖先的基因,代代相传。因此,现代女性依然比男性更看重自身与外界的连接。被同事排挤后,内在产生的消极情绪会格外强烈。

---

① 催产素(Oxytocin),是一种肽类激素,由垂体后叶分泌。
② [美]朱莉·霍兰. 情绪女人[M]. 尹晓虹,周村,译. 北京:中国友谊出版公司,2015: 121.

感觉被排挤后需要思考的三个问题

如果你感觉自己被排挤了，需要认真思考以下几个问题。

是我太敏感，还是同事们真的在排挤我。你还需要与当事人直接接触，以此确认事实真相。如果是真的被排挤了，要反思一下原因。原因分为两种：自身原因或外在原因。扪心自问，是否还想借助公司的平台谋求发展。如果是，那就努力扭转当前的困局。人总要勇敢面对挑战，才能不断进步。很多事情是躲不掉的，就算你选择离职，类似的问题还是会在新的公司出现。

最容易被排挤的四种行为

如果你在工作之余经常感到空虚无助，或经常被别人说"想得太多"，那么，你很有可能是"大脑多向思考者"。法国心理咨询专家克莉司德·布提可南在其著作《多向思考者：高敏感人群的内心世界》[①]中说："大众对于'多向思考者'的了解极少，甚至还没有一个完整的学术名称来定义这群人……从童年起，'大脑多向思考者'很快地感受到自己在群体生活中，会遭受排挤。'一般人'

---

① [法] 克莉司德·布提可南. 多向思考者：高敏感人群的内心世界 [M]. 杨蛰，译. 北京：北京联合出版公司，2018.

一旦受到对方的拒绝或排挤，都会立即调整个人的行为，期望自己可以很快地获得同辈的认可。但以上的修正行为，对于'大脑多向思考者'并不适用……他们所要付出的大量努力，甚至会让他们累到筋疲力尽。"

为了方便读者了解"大脑多向思考者"，布提可南做了这样的类比，她说："'大脑多向思考者'的'假我'，就像是一间 VIP 贵宾室，对任何人敞开大门，欢迎光临。这个'假我'的功能就是要考虑到所有亲朋好友的想法、需求和期待。当'大脑多向思考者'的'假我'存在时，当事者会让他们所有的好友们感到非常舒适和友善。那你真实的自我在哪里呢？首先，你要通过一条很长很长的'焦虑'隧道，'真我'则被关在隧道的底端那小小的囚房里。但是要开这囚房前，还有三道门锁紧紧绑住'真我'：分别是被排挤抛弃的恐惧感、自我孤独与被误解的忧伤，再加上无法成为'真我'的愤怒。"

人们总有一些行为不那么受人欢迎，这些行为大致可分为四类。

反驳到底

有些人习惯用"可""但是""不过""其实也不一定""那可不见得"等转折性的词作为说话的开头，他们像辩论家一样，时刻准备着反驳别人。这样的说话方式会让对方感到烦恼或疲惫，稍不留神，交谈就变成了辩论赛。总之，这种行为总能把交流的气氛搞砸。一来二去，除非逼不得已，否则没人愿意与之多交流。也就是说，排挤的现象产生了。

极端情绪化

大五人格理论（Five-Factor Model）是西方心理学界公认的一个人格特质模型，在临床心理、健康心理、发展心理、职业心理、管理心理、工业心理等方面都显示了广泛的应用价值。简单来说，它已经成为"人格心理学里的通用货币"，是人类目前对人的基本特质最理想的描述之一。它所包含的五个维度[①]之一便是情绪稳定性，即具有平衡焦虑、敌对、压抑、自我意识、冲动、脆弱等情绪的特质（也就是保持自身情绪稳定的能力）。极端情绪化的人给人的感觉很像一颗定时炸弹，人们无法预测他们何时会爆发、会因何种原因冲动，所以在领教了一两次之后，人们就会躲得远远的。此时，排挤现象就会产生。

认为自己永远没有错

一小部分人极度自恋，无论发生什么不愉快的事情，总能为自己找到合适的理由，将责任推到他人或客观因素上。认为自己永远没有错的人无法找到完善自我的方向，所以很难有进步的空

---

① 大五人格理论的五个维度分别为外倾性、宜人性、尽责性、情绪稳定性、开放性。

间。相应地,这样的人很容易产生抱怨、指责、不合群等行为倾向。因此,很容易遭到他人的排挤(毕竟谁都不喜欢被指责)。

自我封闭

自我封闭是一种环境不适的病态心理现象。在这样一种心态的驱使下,人会想将自己与外界隔绝开来,尽量避免参加或根本不参加社交活动,除了必要的饮食起居、购物、自我娱乐、工作和学习,他们倾向于把自己锁在家中,不与他人交流。自我封闭的人也经常会感到寂寞和孤独,但他们就是发自内心地害怕或抵触社交活动。那么,为什么有的人会产生这样一种心理呢?其实这种心理是人类天然的一种心理防御机制。在成长的过程中,有的人遇到过不如意,甚至是较为严重的逆境和波折,事件虽然可能已经过去很久了,但事件对其引发的焦虑感始终没能得到解决。于是,他们便采取自我封闭的行为方式回避外在环境,以避免类似的事件再次发生或避免内心的焦虑感日渐增加。

对他人的关注、共情和建立良好的人际关系几乎是每个人都需要具备的能力,自我封闭的人仿佛为自己画定了界限,将他人排除在外。所以,从严格意义上来说,不是别人要排挤他,而是他的潜意识鼓励别人这样待他。换句话说,自我封闭者非常需要必要的自我心理调适,否则会严重影响自己未来的生活、工作、人际关系,甚至身心健康。

被同事排挤该怎么办

从一个 KTV 的心理实验说起

有人做过这样的心理实验：将一群有男有女、年龄落差很大的志愿者随机分为两组，并给他们发布任务。任务很简单，就是在 KTV（卡拉 OK）包房里唱一首他们自己最拿手的歌。唱完以后，电脑会根据他们的音准、音量、节奏把握等表现打分，得分越高，志愿者得到的奖金也越多。但 A 组的人在进入包房唱歌前，要先说一句话"我很紧张"；而 B 组的人进入包房唱歌前，要先说一句"我很兴奋"。志愿者们当时都觉得很好玩，并不认为这么短的四个字会影响他们的发挥。于是他们摩拳擦掌，都想要获得更高额的奖金。

实验很快开始了：当他们每个人推开包房的门时，都感觉很紧张——房间里亮如白昼，安静得出奇，他们面前还坐着一排正言厉色的中年男性，他们像评委一样上下打量着志愿者，中间端坐的那位点点头，向他们示意随时可以开始……

如何进行积极的心理暗示

你可能已经猜到了答案：A 组人的得分远远低于 B 组人的得分。人的心态就是这么敏感，只是喊了两个看似相近、实际略有不同的词，就能让人的表现相差甚远，心理暗示的重要性不言而喻。所以，当你感觉被排挤后，要给自己积极的心理暗示。

- ♥ 一切都很正常
  没有一团和气的公司，完全没有矛盾冲突的集体是不存在的。
- ♥ 与我无关
  她们一看见我便停止了讨论或许是因为她们的讨论刚好结束。
- ♥ 变被动为主动
  她看见我没有打招呼或许是她正因别的事烦恼，我应该主动关心对方。
- ♥ 问心无愧就好
  今天只是普通的一天，谁也不可能讨好所有人，我没做什么亏心事。
- ♥ 见怪不怪
  同事们彼此都太熟悉了，对方不是忽视我，只是没什么新鲜话题可聊而已。
- ♥ 心存善念
  我是个很好相处的人，也非常关心身边的同事，我希望他们都过得好。

总之，积极的自我对话可以让自己拥有平常心。被同事排挤的现象很常见，大多数时候并不会影响全局，但凡后续问题恶化或演变成恶性冲突的，多是因为当事人自身没控制好情绪或没厘清事情的重要次序。

你也正被人爱着

美国著名的心理学家亚瑟·乔拉米卡利在其与凯瑟琳·柯茜共同撰写的著作《共情的力量》中讲述了他弟弟大卫因吸毒被通缉,后潜逃到外地走投无路时,因没能及时走出情感低潮而选择自杀的往事。他几近崩溃后,沉痛反思:"大卫很少跟我说他爱我的——这是一个我应该抓住的线索吗?相反,当我弟弟最需要我的时候,当他需要听到这句'我也爱你'的时候,我却僵住了……我正处于气愤和不信任之中,因为以前听到他太多次不算数的保证,因为大卫的毒瘾已经把他的生活和我的生活都搅得一团糟,因为我为这种长久的痛心而深感厌倦,所以没能跟他说出他最需要的那句话。我没能让我自己跟他说:'我也爱你。'……大卫为什么就放弃了呢?我肯定大卫丧失希望是因为他感觉到跟他所有爱的人失去了连接……他以为他的这些关系都被彻底切断而不可恢复,这对他就像一个人没有了氧气,呼吸不畅。大卫在自杀之前很久就开始慢慢凋亡了。他做的所有尝试都走向死胡同,他所有的求助哭喊都没有被听到、没有被回应。他被毒瘾逼到了一个死角,又深感羞愧、恐惧、内疚和悲痛,他觉得真的没有了出路。"[①]

法国作家维克多·雨果说过:"人生最幸福的事就是相信自己是被爱着的。"虽然你感觉自己在公司里的人际关系存在问题,感

[①] [美] 亚瑟·乔拉米卡利, [美] 凯瑟林·柯茜. 共情的力量 [M]. 王春光, 译. 北京:中国致公出版社, 2019: 19, 22.

到被排挤或受冷落,但请深信,你同时也正被人爱着。人们之所以能和睦相处,必定是因为彼此忍耐、相互包容。多想想一直以来你收获的那些爱,然后你会感觉其他问题都变得微不足道了。

20 种常见的容易被同事排挤的情境和应对策略

世界上从来没有无缘无故的爱和恨。你们因某种机缘选择了同一家公司,才成为同事。有的同事最后变成了你创业道路上的合作伙伴,甚至是一生的挚友;有的同事却只是点头之交,多年以后形同陌路。让我们气恨难消、仇恨在胸的同事极为少见。工作时间长了,或多或少,谁都有过类似被排挤的感受。在积极的心态下,我们才能做出理性的行为。以下是常见的容易被同事排挤的情境和应对策略,供大家参考。

表 14-1　20 种常见的容易被同事排挤的情境与应对策略

序　号	容易被同事排挤的情境	应对策略
1	自身业务能力低下,成为同事的累赘	提升业务水平,多感恩,懂珍惜
2	能力格外突出,又不懂与人分享	适当示弱或与人分享工作经验
3	新人的行事风格与公司文化格格不入	留心观察总结,尽快适应并融入
4	空降到新公司,收入远高于其他人	为人低调,尽快做出骄人业绩
5	空降到新公司,派系林立,大家观望中	尽快适应并与主流团队结盟

（续表）

序号	容易被同事排挤的情境	应对策略
6	工作状态看似清闲，让人心生不平衡	收敛悠闲的姿态，给予他人支持
7	说话方式有失稳妥，伤了不止一人	反思并修炼心性，真诚致歉
8	与某位领导关系不融洽	积极处理与领导的关系
9	被小人算计并被大家误解	缓和彼此的关系，但敬而远之
10	被公司提升或被领导当众表扬	尽量表现得谦逊和受之有愧
11	与领导关系密切，却疏于和同事交流	调整与领导的距离，多关爱同事
12	你最亲密的同事突然成了大家的公敌	暂时忍耐并私下积极了解情况
13	从来不舍得分享，聚会从不买单	更新消费观，同事关系值得投资
14	你的存在成了他人发展的阻碍	坚持自我，尽量平衡各方关系
15	言行不一致，最后被同事们验证	引以为戒，下不为例
16	背弃失势领导，而领导又重新得势	向领导负荆请罪，或选择离开
17	特别好斗嘴，跟谁都要一争高下	学会闭嘴，试着发现他人的智慧
18	每天抱怨连篇，毫无正能量	调整心态，靠近积极的人
19	向领导透露了某位同事的隐私	真诚地向同事道歉，请求原谅
20	没有积极参加公司组织的团体活动	表示遗憾，尽量寻求共同话题

15 提升自身的"讨喜"商数，变得更受欢迎

对众人一视同仁，对少数人推心置腹，对任何人不要亏负。
——莎士比亚

人际关系复杂的四大根源

竞争关系的存在

能力和背景相差很大的人彼此之间往往很和谐，因为他们之间不构成竞争。而同事是一群需要相互配合和支持的人，彼此水平相差不大，所以竞争自然就产生了。另外，企业的组织架构多数是金字塔式，资源和权限的有限性也造成了竞争关系的普遍性。

人性使然

法国小说家奥诺雷·德·巴尔扎克在其作品《邦斯舅舅》中曾经说道：朋友之间，当其中一方认为自己比对方优越时，友谊是最稳固的。人性使然，我们总会和别人进行比较。在美国小说家露辛达·罗森菲尔德的作品《我们其实没那么要好》中，女主角温迪拥有稳定的工作和婚姻，所以她自认为比她的好朋友达芙妮过得幸福。所以她总是能及时向朋友送去关怀和温暖，直到达芙妮遇到了一个钻石王老五并结婚生子，她们的友谊便开始发生变化。最终，她们的关系变成了"相见不如怀念"。同事关系之所以复杂，是因为组织当中充满变数，人性总是会伴随着外界境遇的变化而不断显现。

脆弱的信任

人与人之间的信任是很难建立的，即使在信任建立之后，也需要经营和维系。换句话说，信任犹如杜鹃花，你看着它们开得漫山遍野，拿回家去养，却总是养不活。信任非常脆弱，但弥足珍贵，所以它反映在人际关系上就会造成其复杂性。

女性的大脑特性

女性天生有很强的感知他人情绪的能力，又容易在意人际关系的细枝末节。所以，作为女性的你，感觉人际关系复杂就在所难免了。

理解这五句话，拥有好人缘

言而总之，剖析任何一个组织的人际关系，都会让人感觉千头万绪。复杂的人际关系本身并不可怕，抵触的心理无济于事，关键是我们如何自处，如何拥有好人缘。

不要过快地与人交往密切

职场中的人际关系随时在变化，今天是同事的人，明天可能就成了上司。所以，我们需要在完全了解他人之前，尽量保持距离，别跟他人走得太近。很多人抱着一颗交朋友的心，却四处碰壁，因为他们误解了同事关系的本质。同事之间是既合作又竞争的共生关系，和单纯的朋友关系有本质区别。对于管理者，很多人都误读了"新官上任三把火"这句话，以为给别人下马威，让人胆战心惊，别人就会佩服自己。实则不然。在你没有全面了解基本情况时，轻易做的决策难免会不全面。所以，与他人保持距离，避免交往过度密切是第一原则。

尽量少对他人做出承诺

《论语·里仁篇》里有这样的名句："君子欲讷于言而敏于行。"强调说话要谨慎，因为祸从口出。降低别人的期待值，别人才会有惊喜。一旦做出承诺，对方就会有期待，自己就会很被动。现代社会里，人们的生活半径被无限放大，所以，愿意用真心与他人交往的人越来越少，多数人都处于疲于应付的状态。你只要一次没兑现承诺，就会被对方贴上负面标签，很难再有解释或修正印象的机会。

预埋自己的关键人线路

如果你不刻意花太多精力与每个人交往密切，你就有了与更多人保持表面和谐的机会。最好有意识地在每个部门选定一两位同事，与其形成良好的互助关系，他们将是你获得信息的关键人。"无事不登三宝殿"的行为模式不值得提倡，如果你有事没事就和人家联络感情，遇到问题时，人家自然会鼎力支持。

保持你自己真实的样子

心理咨询师史秀雄在《假性亲密关系》中讨论了一个来访者的问题，即戴面具还是做自己。他说："与人交往时，我们会向所有人展现外在的、容易被人接受的一面。这样的方式可以帮助我们和绝大多数人建立初步的关系。之后我们向比较喜欢和信任的人逐渐展露更深层的性格特点，结果发现有些人喜欢而有些人抗拒，这样其实就逐渐过滤掉了一些人。而随着这个过程不断进行，最终能够看到我们内在性格的人，也就成了我们生命中最为亲近和重要的伙伴。"① 当你了解了这个过程之后，不如"接受这个世界上有人喜欢你、有人讨厌你这个事实……人生中的关系，不在于多，而在于精。我不需要刻意地伪装……做一些自己喜欢的事，来让那些无论如何都会喜欢我的人，早点在人群中发现我"。总之，保持你自己真实的样子，才能少走弯路，拥有好人缘。

你焦虑的恰是你需要的

人在家里很难成长，原因很简单，因为家人都是疼你爱你的人。只有走向社会，面对陌生人，你才能快速成长。有的人无论如何都会支持你，有的人会无视你，有的人就是死活看你不顺眼，有的人一心想让你消失……而你在这种复杂的环境下，能够谋求生存和发展，才可能得到完善和成长。人都是环境的产物，每个人都在爱和温暖里成长，并带着自己的爱在人间行走。我们需要正视真实的人际关系，感受客观存在的压力，积极锻炼自己并拥抱烦恼，活出最精彩的人生。

① 史秀雄. 假性亲密关系 [M]. 北京：中信出版社，2017：101.

致谢

36岁那年，体检医生发现我的卵巢上长了一个16厘米大的囊肿，而主治医生一度怀疑它是恶性的。所以，那年我不但经历了人生第一次全麻手术，也第一次开始思考死亡。我发现，死亡是最好的老师，它让我知道什么才是最重要的，也让我明白到底该如何生活。最后我得知，我体内的囊肿属于浆液性囊肿（良性囊肿的一种），生活又可以再继续，我真的好庆幸。38岁时，为了成功受孕，我经历了第二次全麻手术。在整个就医过程中，我的心非常平静，甚至有些享受，因为我可以借此机会静心阅读。41岁那年，我经历了第三次全麻手术——剖宫产迎来我可爱的双胞胎女儿。在那一次手术中，我翘首期盼，感谢命运的垂青让我得偿所愿，她们像精灵一样点亮了我的生命。作为母亲，我深知生命的短暂，却又贪心地想要帮助她们解决生命中可能出现的所有难题。我相信天下的母亲都和我一样，希望可以跨越时空的限制，永远陪伴在孩子身边，但那只是美好的愿望。于是，我带着一份对生命的敬畏写作本书，不敢有一丝懈怠和马虎，因为它将是我留给她们的一份礼物。

工作中，我有幸能接触众多职业女性，她们无比的信任和爱戴总能让我感受到强烈的职业幸福感。所以，提出"女性情商"并用实际问题进行讲述的念头，一直在我脑海里酝酿着。这次终于实现，我感到十分激动，无比欣慰。所以，我想感谢所有出现在我生命里的人。感谢在我写作期间默默承担起抚育宝宝重任的黎涛——我的丈夫，他对两个女儿的爱和耐心让我敬佩不已；感谢在中信银行工作的张卫健——我的学员，他热心为我引荐了中信出版集团最优秀的编辑；感谢中信出版集团漫游者的编辑罗洁馨，她对本书可谓一见倾心，更在后续的出版环节中给了我很多切实的帮助；感谢漫游者李穆副总编及其编辑团队，她们对本书的出版给予了足够的重视和期待；更感谢这么多年来信任我的每位学员，是他们的认可和跟随让我坚定地走到了今天，让这本书提供的知识和建议具有极强的实用性和可读性。我在业余时间开设了个人公众号"书香女人心"，会不定期地分享我阅读过的经典好书，也会针对女性成长的话题组织一些线下读书分享会，希望我们因本书结缘，让阅读成为一种习惯。最后，感谢每一位读者朋友的关注，你的关注和分享就是在为"提升中国女性情商"这项伟大的工程助力。

9个
科学制怒的方法

21条
女性理性消费攻略

20种
常见的容易被同事排挤的情境和应对策略

15张
思维导图

9个科学制怒的方法

1

养成随时"扫描"自己身体状态的习惯

- 放松头皮,舒展额头和眉毛,我的眼神温柔而灵动,我的嘴角略微上扬。
- 肩膀放松端平,大臂放松,小臂放松,双手放松,背部挺直且放松,使腰部充满力量但不要过度用力。
- 感谢臀部肌肉让我轻松地端坐,感谢双腿让我自如地行走,感谢双脚支撑我行走。
- 放松左脚的脚趾、右脚的脚趾……

这是一种即时、免费却非常有效的情绪内观,也是心灵对身体的抚摸。

长久下去,你的身体自会用健康和轻盈的状态报答你。

2

调整体态,缓解情绪

- 深呼吸(为身体带来更多养分)。
- 按摩胃部(减轻胃部不适)。
- 梳头(舒缓大脑皮层的神经)。
- 做出微笑的表情(基于具身认知理论,这样可以产生积极的情绪)。
- 为避免表情太难看,多照镜子调整表情(表情肌有记忆功能,经常做出难看表情的人可能会变丑)。

3
学会"闭嘴"

元代的许名奎在《劝忍百箴》中概括了100种需要忍耐的情形,值得学习。

第一忍是"言之忍":"白珪之玷,尚可磨也,斯言之玷,不可为也。齿颊一动,千驷莫追。"很多女性习惯"脱口而出",结果就"祸从口出"了。

我们用两年的时间学说话,却要用一辈子学"闭嘴"。

人要学会"闭嘴"。尤其是女性,我们天生语言表达能力就比男性强,所以,对待很多事情,我们很容易流于口头表达,不付诸行动。如果母亲想让孩子成长为积极乐观、努力拼搏的人,那么,最有效的方法就是让自己也成为那样的人,用行动证明自己——这就是"闭嘴"的艺术。

4 保护大脑，屏蔽不良信息

- ♥ 与人交流时，如果发现对方纯属是在抱怨，你可以借口有事走开。
- ♥ 如果朋友圈里有经常分享负面情绪的人，直接设置不看对方的状态。
- ♥ 与人发生争执时，发现对方蛮不讲理，那么，马上道歉并停止纠缠。

我们为大脑输入什么信息，大脑就会输出什么信息。保护大脑、控制输入品质，自然就能减少不必要的负面情绪。

5

随时"扫描"自己的音量、语气和语调

语言本身很苍白,我们要借助表情、肢体动作等非语言信息才能更好地表达自己。当我们发现对方没能真正理解或响应我们的想法时,我们的潜意识就会断定对方没听清楚,所以就会增加音量、加重语气,以使对方能够"听见"。其实这时候在对方眼里,我们已经动怒了,只是我们自己还浑然不觉。所以,我们需要随时"扫描"并控制自己的音量、语气和语调。

6

重复念出你的座右铭

专家曾授意专业演员在志愿者们不知情的时候激怒他们,再用不同的缓解愤怒的方法针对志愿者们进行测试,结果发现志愿者们的大脑电波在其中一种方法下总能最快回归平静,这种方法就是:快速重复某些句子(通常是一些自己信奉的或积极向上的句子)。

和尚为什么每天都念经?宗教信徒们又为什么会祈祷?其中都有这个道理。所以,你不妨也找一些自己喜欢的句子,尤其是那些充满智慧的名言,让它们成为你的座右铭。这些话会影响你的思想,尤其在情绪汹涌澎湃时,重复这些话语会让你保持冷静和乐观。

7

训练注意力，专注于现在而非过去和将来

美国健康心理学家凯利·麦格尼格尔在《自控力》一书中这样说道："人脑像个求知欲很强的学生，对经验有着超乎大家想象的反应。如果你每天都让大脑学数学，它就会越来越擅长数学；如果你每天让它忧虑，它就会越来越忧虑；如果你让它专注，它就会越来越专注。你的大脑不仅会觉得越来越容易，也会根据你的要求重新塑形。就像通过锻炼能增加肌肉一样，通过一定的训练，大脑中某些区域的密度会变大，会聚集更多的灰质。"大脑的特性是总在过去和未来跳转，很少专注于现在。我们的脑中总会有新想法出现，像只生命力旺盛的小狗，我们需要对它进行专业训练，让它对我们言听计从。

8

提升自身的格局

心理学专家曾向广大哺乳期妇女发出邀请,让她们带着婴儿看电影,并对电影打分,这样就可以获得酬金。很多哺乳期妇女前去参加,她们被随机分成不同批次,然后观看两种不同题材的电影(爱情片和爱国主义教育片)。在她们到了放映厅门口后,有工作人员给她们派发防溢乳垫,要求她们在观影时佩戴,并在离开时交还。专家们想知道:观看哪种题材的电影会增加妇女的泌乳量。

结果显示:看爱国主义教育片的妇女泌乳量更高。简单来说,人的精神格局被提升后,身体的反应也会更通畅。提升自身的格局,才能从根本上远离很多烦恼。

9

时刻不忘生命的意义

苦难的背后其实都具备某种意义，或者说暗含着某种指向性。德国哲学家尼采说过：一个人知道自己为什么而活，就可以忍受任何一种生活。美国畅销书作家曼迪·赫尔几次恋爱都以失败告终，被抛弃的经历曾令她苦不堪言，但在某个瞬间，她领悟了这份痛苦的意义。她想，或许自己能帮助失恋的或还在单身中却不快乐的女性朋友，然后便写了一本书《安顿一个人的时光》，图书出版后非常受欢迎，她自己也成了畅销书作家。美国临床心理学家维克多·弗兰克尔在其著作《活出生命的意义》中讲述了他被纳粹关进奥斯威辛集中营后的经历。他的双亲、哥哥和妻子相继被送入毒气室，再也没有出来，他自己也经受了难以想象的折磨。但他没有放弃，在被解救后，他活出了更精彩的人生：创办了心理咨询界知名的意义疗法，拿到了博士学位，重新建立家庭，67岁时考取了飞行员驾驶执照，80岁时攀登了阿尔卑斯山……

人有不同的生理需求，这些需求使我们得以存活，但人只为这个层次的需求活着，就很难活得深刻；人还需要不同层面的心理需求，这些需求会使我们感到快乐，但当人只追求快乐时，就会忽视他人的价值与感受；人还会有精神需求，这些需求使我们得以感受自身价值，感受到我们的存在对他人的生命有帮助。人一旦找到了自身生命的意义，精神就会复苏，进而爆发出无限的生命能量。

21条
女性理性
消费攻略

1.

两年内没穿过和没用过的衣物都不应该占据你的生存空间。那些廉价的"鸡肋"物品只会为你吸引更多的同类产品,让你的心灵窒息,使你远离精致生活。

2.

谨慎办理各种形式的消费卡,因为不是每个商家都讲究诚信,也不是每个商家都能成功"坚挺"到你的卡内余额用完,而且你无法确定自己未来的消费行为轨迹。

3.

谨慎办理各种信用卡,不要为了吃某顿饭可以便宜就脑子发热。一旦办理了信用卡,你就需要为自己的信用负责到底,系统科学地管理自身信用会越来越重要。

4.

养成记录每笔消费的习惯,并在月末进行汇总和分析。一个皮肤受伤出血的人需要及时补血,在血袋到来之前,你首先得盯紧自己流血的地方,及时止血并避免失血过多。

5.

尽量避免和朋友一起购物。一起吃饭的人越多,我们就会吃得越多。购物也一样,和朋友一起购物,更容易让我们超支。因为当我们的大脑无法专注于购物时,自控系统的能力就会减弱,进而产生更多的冲动消费。别小看任何一个单独逛街的女人,这种女人是有智慧的,她们不是孤单,她们只是懂得关照自己的大脑,让更多的脑细胞用于消费决策。

6.

若没有消费计划,尽量远离商业中心。这就像减肥人士选择跑步路线一样,去美食一条街还是去运动场,区别很大。

7.

疲累的时候尽量不做消费决策，因为购物不仅需要体力，更需要脑力。

8.

情绪波动的时候尽量不消费，因为大脑在情绪波动期间，新皮层很难接收到核心层发出的指令。

9.

鞋子不舒服时不要逛街，尤其是高跟鞋，因为你很有可能会冲到鞋店先买一双廉价的、毫无新意的平底鞋，然后疯狂购物。

10.

没想明白要买什么就别贸然出手，别轻易屈服于时尚，现在流行不代表它就是经典。让自己消费的目标视觉化，会让消费更理性。

11.

不管你遇到的东西有多好,尽量别在第一时间购买,尤其是网购。你可以将其暂时放在购物车里,三天以后如果你还想拥有它就继续保留,如果不喜欢了就删除掉。再过三天来看它们,如果还是觉得没它不行,你再付款。通常事后你会因自己的谨慎而感到庆幸。

12.

你的孩子一定很可爱,但是不代表试穿在孩子身上的所有衣物都值得购买。总之,不要把自己对孩子的喜爱当成对试穿在孩子身上的商品的喜爱,要小心这种错觉。

13.

掌握"断舍离"的核心思想,拒绝无用之物,以此促进自己的理性消费。

14.

每次消费前,设置"心理安全绊线"。

15.

必须要买衣服时,尽量穿得体面一些,这样可以购买有着更高品质的衣服,进而提升自己的衣橱的整体水平(我们买衣服时总会不可避免地和当时自己身上穿的衣服去比较)。

16.

在买单时掏出优惠券没什么丢人的,如果你傻傻地按全价买单,也没有人会欣赏你的慷慨。

17.

努力提升自己的收入水平和速度,赚得越快,积累得越多——因为同一时期的花销会相对固定。

18.

人是环境的产物,你可以多结交一些节俭却有品位的人,一定要与浮夸奢靡的人保持距离。

19.

区分"你必需的"和"你奢望的",因为很多人平时分得清,一到商场就会犯晕。

20.

别为了享受商家的一点优惠政策浪费太多的精力和时间,偏激会让人损失更多。

21.

尝试DIY,一来可以有效激活很多物品的第二生命,二来将自己动手做的一些礼物送给朋友也非常有创意。

20种
常见的容易被同事排挤的情境和应对策略

情境	→	策略
自身业务能力低下,成为同事的累赘	1	提升业务水平,多感恩,懂珍惜
能力格外突出,又不懂与人分享	2	适当示弱或与人分享工作经验
新人的行事风格与公司文化格格不入	3	留心观察总结,尽快适应并融入
空降到新公司,收入远高于其他人	4	为人低调,尽快做出骄人业绩
空降到新公司,派系林立,大家观望中	5	尽快适应并与主流团队结盟
工作状态看似清闲,让人心生不平衡	6	收敛悠闲的姿态,给予他人支持
说话方式有失稳妥,伤了不止一人	7	反思并修炼心性,真诚致歉
与某位领导关系不融洽	8	积极处理与领导的关系
被小人算计并被大家误解	9	缓和彼此的关系,但敬而远之
被公司提升或被领导当众表扬	10	尽量表现得谦逊和受之有愧

情境 → 策略

与领导关系密切,却疏于和同事交流	11	调整与领导的距离,多关爱同事
你最亲密的同事突然成了大家的公敌	12	暂时忍耐并私下积极了解情况
从来不舍得分享,聚会从不买单	13	更新消费观,同事关系值得投资
你的存在成了他人发展的阻碍	14	坚持自我,尽量平衡各方关系
言行不一致,最后被同事们验证	15	引以为戒,下不为例
背弃失势领导,而领导又重新得势	16	向领导负荆请罪,或选择离开
特别好斗嘴,跟谁都要一争高下	17	学会闭嘴,试着发现他人的智慧
每天抱怨连篇,毫无正能量	18	调整心态,靠近积极的人
向领导透露了某位同事的隐私	19	真诚地向同事道歉,请求原谅
没有积极参加公司组织的团体活动	20	表示遗憾,尽量寻求共同话题

15张
思维导图

打造优雅又知性的高级感

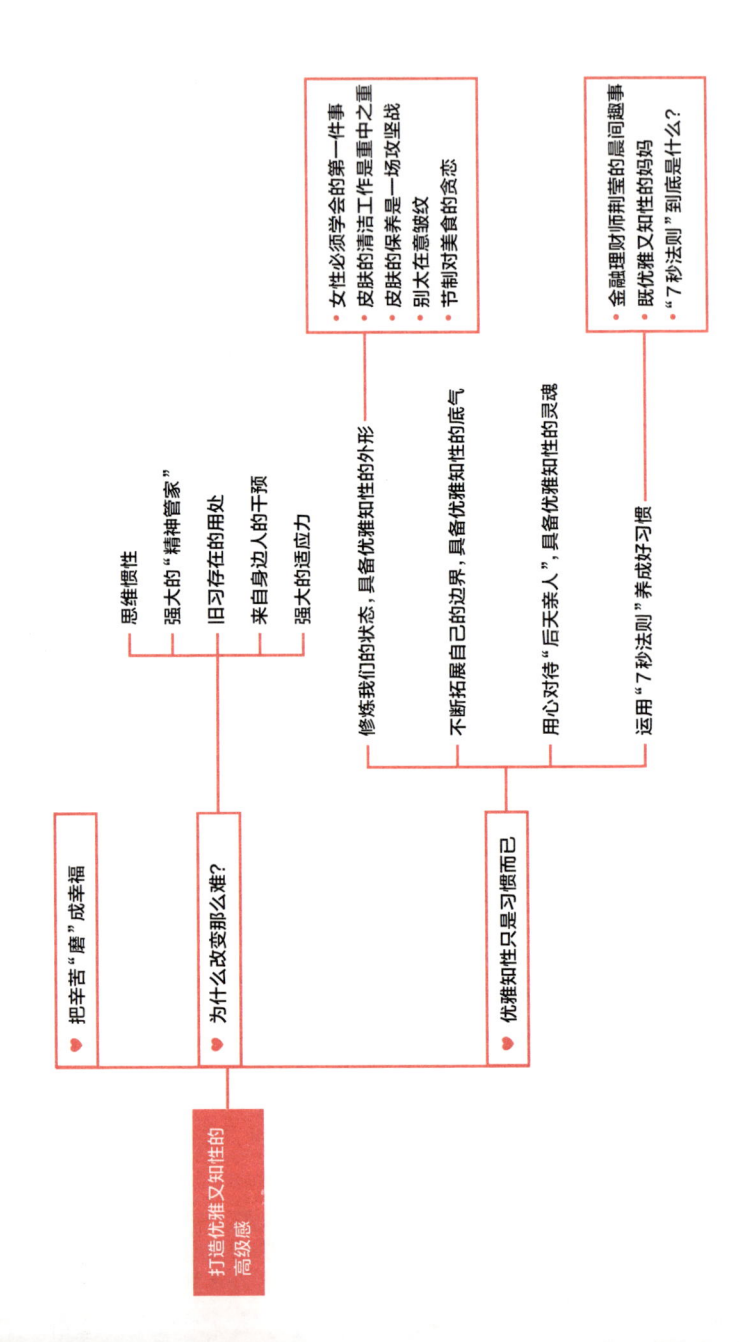

- 把辛苦"磨"成幸福

- 为什么改变那么难?
  - 思维惯性
  - 强大的"精神管家"
  - 旧习存在的用处
  - 来自身边人的干预
  - 强大的适应力

- 优雅知性只是习惯而已
  - 修炼我们的状态,具备优雅知性的外形
    - 女性必须学会的第一件事
    - 皮肤的清洁工作是重中之重
    - 皮肤的保养是一场攻坚战
    - 别太在意皱纹
    - 节制对美食的贪恋
  - 不断拓展自己的边界,具备优雅知性的底气
  - 用心对待"后天亲人",具备优雅知性的灵魂
  - 运用"7秒法则"养成好习惯
    - 金融理财师荆莹的晨间趣事
    - 既优雅又知性的妈妈
    - "7秒法则"到底是什么?

打造自己的个人品牌

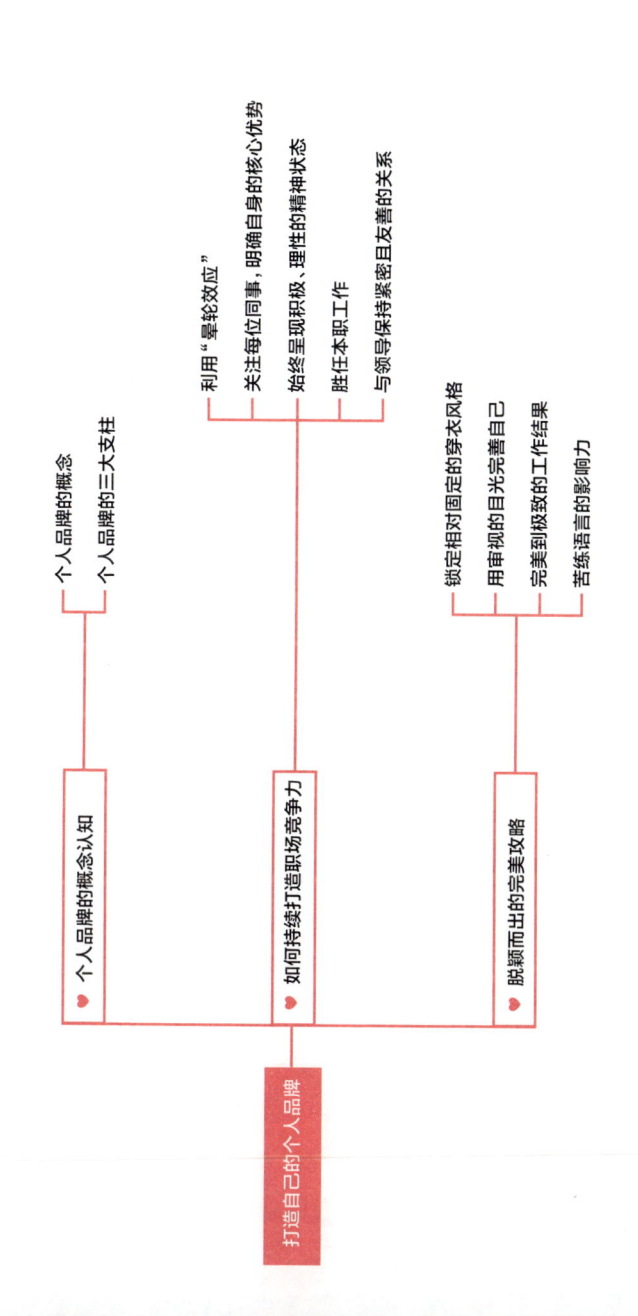

- ♥ **个人品牌的概念认知**
  - 个人品牌的概念
  - 个人品牌的三大支柱

- ♥ **如何持续打造职场竞争力**
  - 利用"晕轮效应"
  - 关注每位同事，明确自身的核心优势
  - 始终呈现积极、理性的精神状态
  - 胜任本职工作
  - 与领导保持紧密且友善的关系

- ♥ **脱颖而出的完美攻略**
  - 锁定相对固定的穿衣风格
  - 用审视的目光完善自己
  - 完美到极致的工作结果
  - 苦练语言的影响力

10个方法让你获得领导的认可

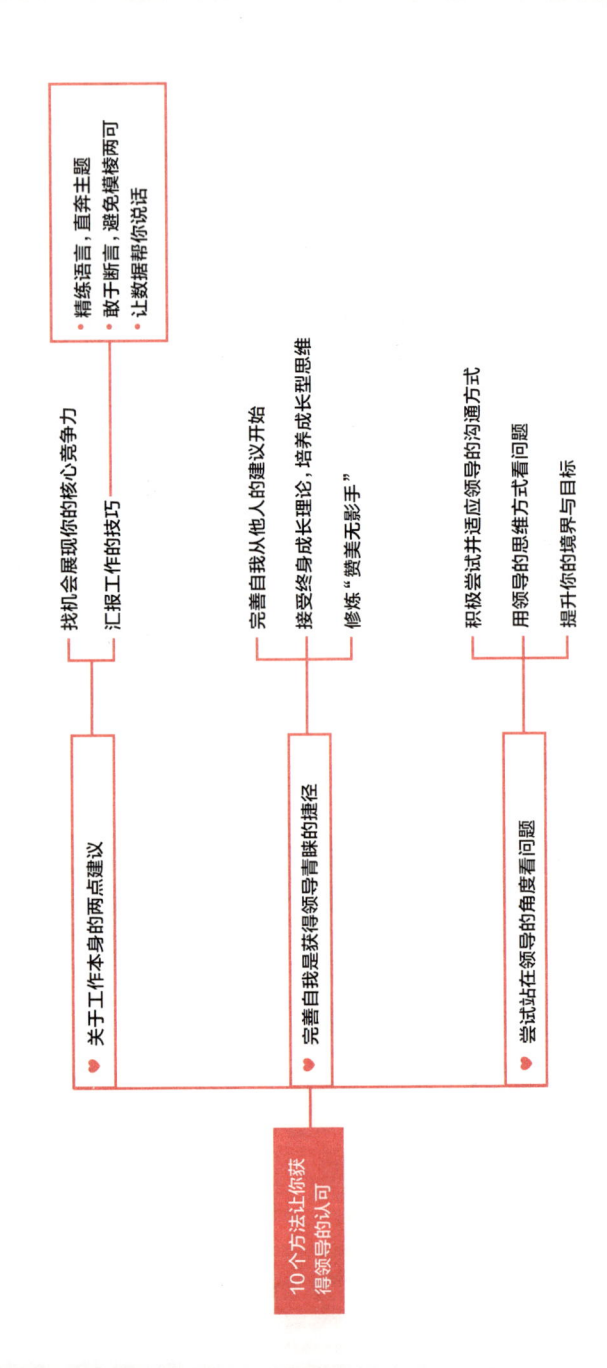

关于工作本身的两点建议
- 找机会展现你的核心竞争力
- 汇报工作的技巧
  - 精练语言,直奔主题
  - 敢于断言,避免模棱两可
  - 让数据帮你说话

完善自我获得领导青睐的捷径
- 完善自我从他人的建议开始
- 接受终身成长理论,培养成长型思维
- 修炼"赞美无影手"

尝试站在领导的角度看问题
- 积极尝试并适应领导的沟通方式
- 用领导的思维方式看问题
- 提升你的境界与目标

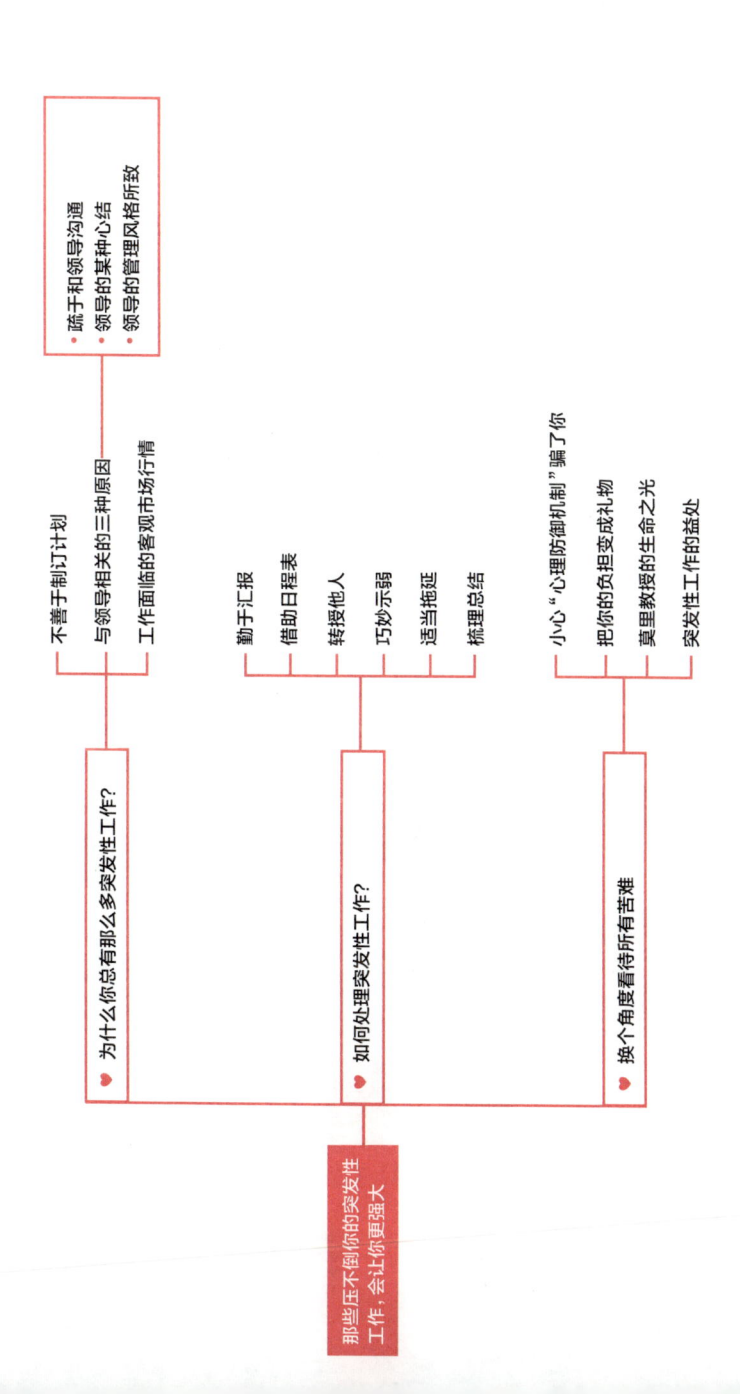

那些压不倒你的突发性工作，会让你更强大

- ♥ 为什么你总有那么多突发性工作？
  - 不善于制订计划
  - 与领导相关的三种原因
    - 疏于和领导沟通
    - 领导的某种心结
    - 领导的管理风格所致
  - 工作面临的客观市场行情

- ♥ 如何处理突发性工作？
  - 勤于汇报
  - 借助日程表
  - 转授他人
  - 巧妙示弱
  - 适当拖延
  - 梳理总结

- ♥ 换个角度看待所有苦难
  - 小心"心理防御机制"骗了你
  - 把你的负担变成礼物
  - 莫里教授的生命之光
  - 突发性工作的益处

如何应对职场各阶段的力不从心

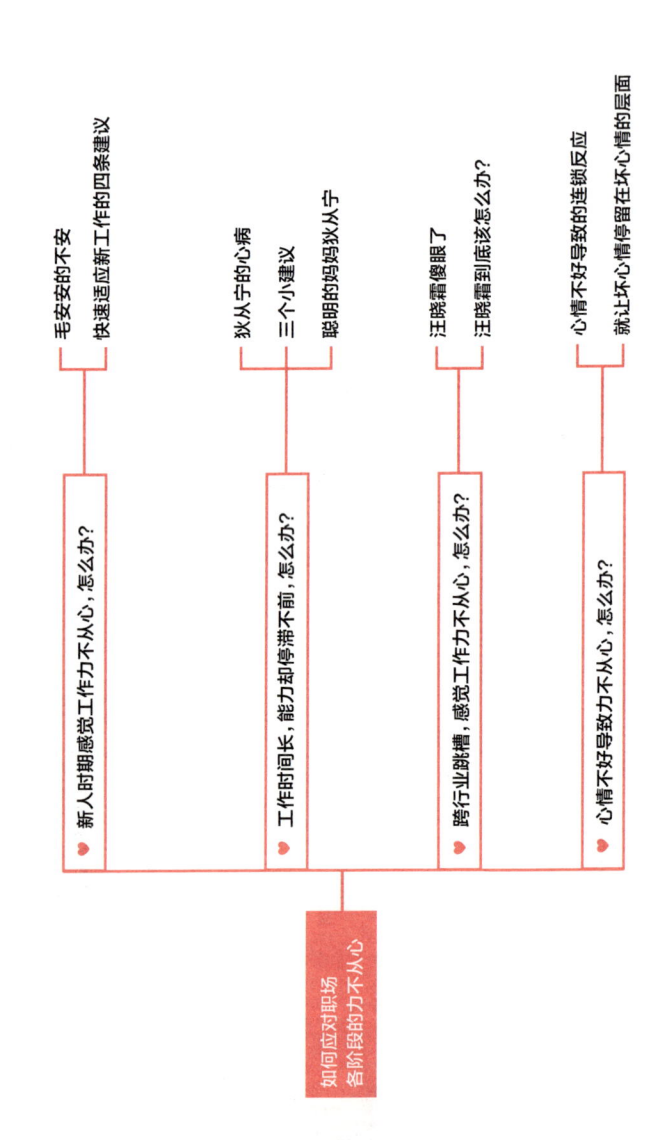

- **新人时期感觉工作力不从心，怎么办？**
  - 毛安安的不安
  - 快速适应新工作的四条建议

- **工作时间长，能力却停滞不前，怎么办？**
  - 狄从宁的心病
  - 三个小建议
  - 聪明的妈妈狄从宁

- **跨行业跳槽，感觉工作力不从心，怎么办？**
  - 汪晓霜傻眼了
  - 汪晓霜遇到底该怎么办？

- **心情不好导致力不从心，怎么办？**
  - 心情不好导致的连锁反应
  - 就让坏心情停留在坏心情的层面

找准职业锚，实现连级跳

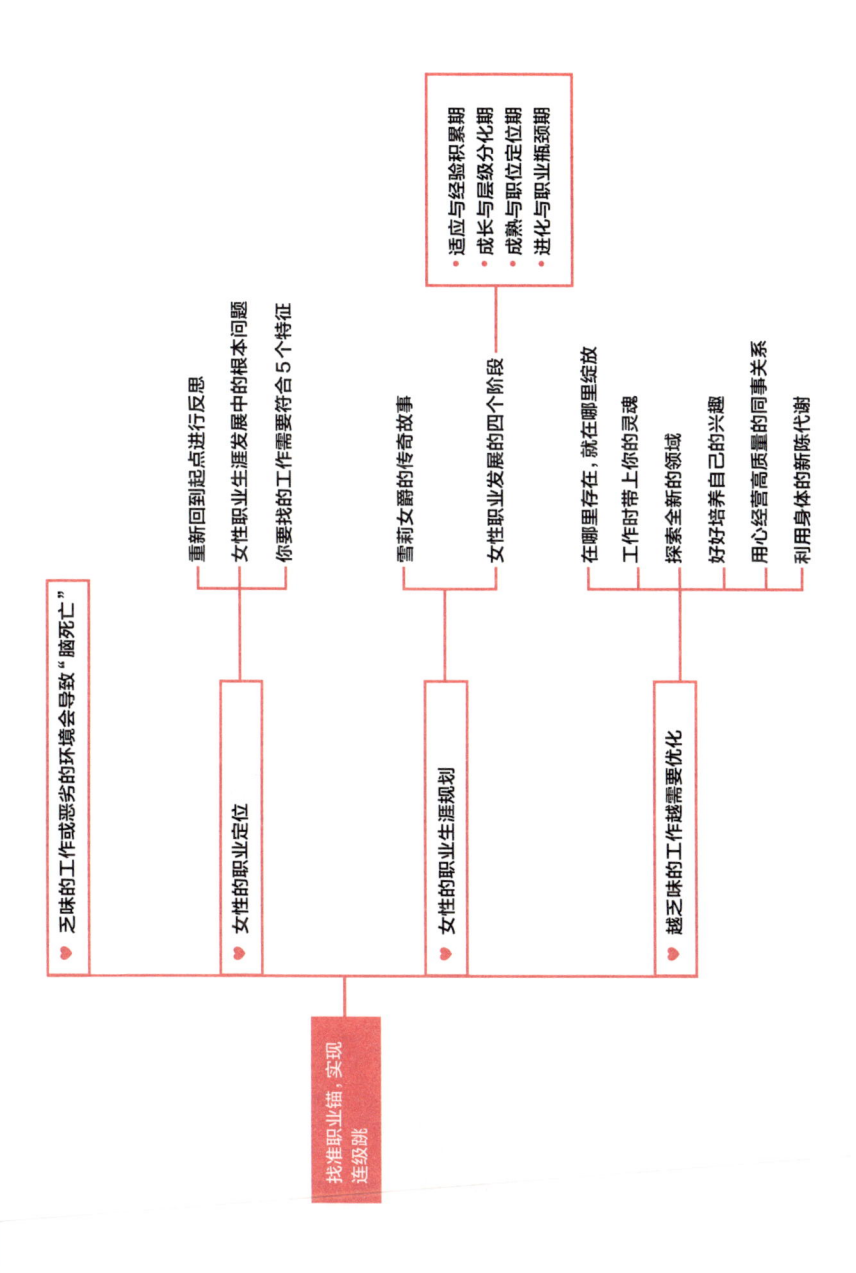

- **乏味的工作或恶劣的环境会导致"脑死亡"**
  - 重新回到起点进行反思
  - 女性职业生涯发展中的根本问题
  - 你要找的工作需符合5个特征

- **女性的职业定位**
  - 雪莉女爵的传奇故事
  - 女性职业发展的四个阶段
    - 适应与经验积累期
    - 成长与层级分化期
    - 成熟与职位定位期
    - 进化与职业瓶颈期

- **女性的职业生涯规划**

- **越乏味的工作越需要优化**
  - 在哪里存在，就在哪里绽放
  - 工作时带上你的灵魂
  - 探索全新的领域
  - 好好培养自己的兴趣
  - 用心经营高质量的同事关系
  - 利用身体的新陈代谢

摆脱职业倦怠症的5大方法

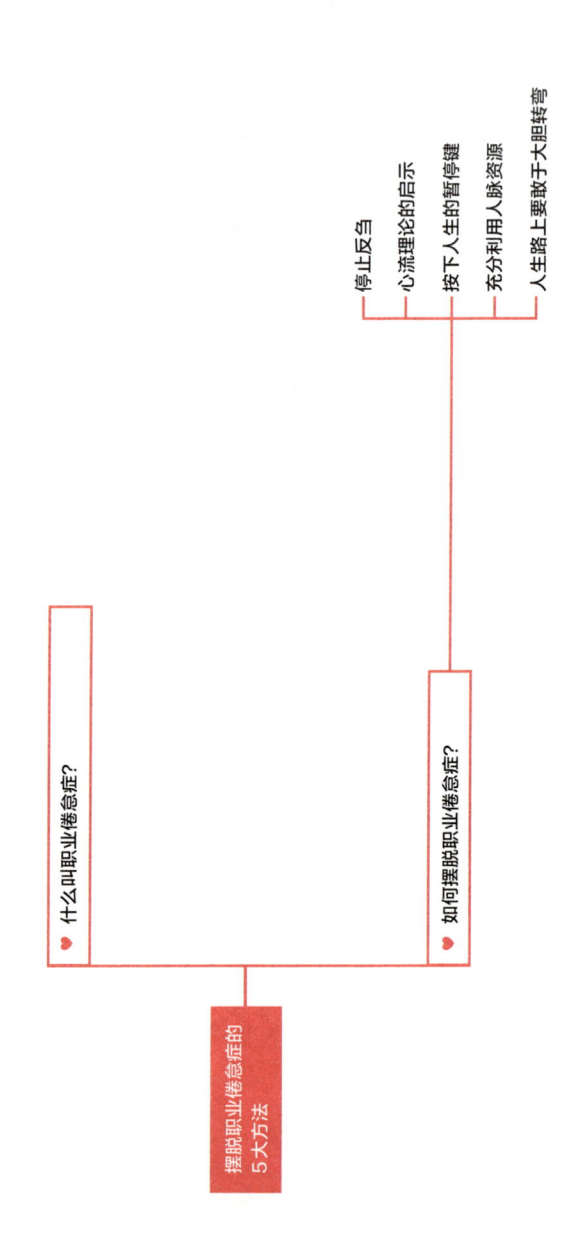

- 什么叫职业倦怠症?
- 如何摆脱职业倦怠症?
  - 停止反刍
  - 心流理论的启示
  - 按下人生的暂停键
  - 充分利用人脉资源
  - 人生路上要敢于大胆转弯

理性消费，合理理财

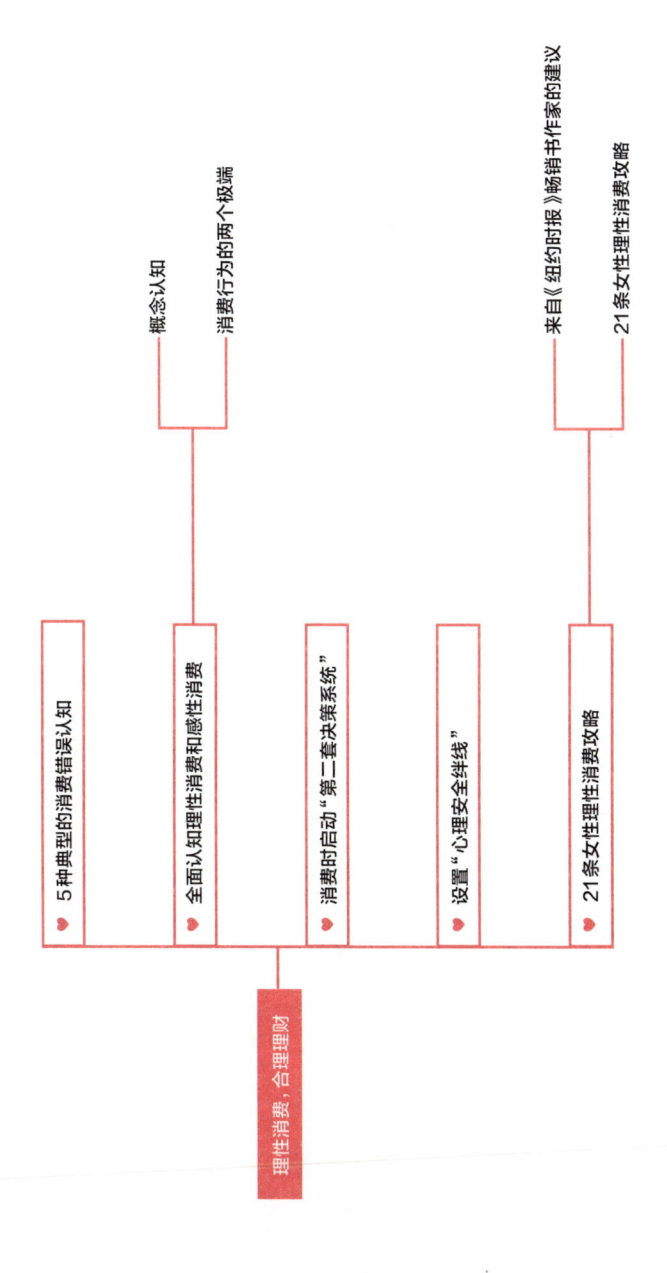

- ♥ 5种典型的消费错误认知
  - 概念认知
  - 消费行为的两个极端
- ♥ 全面认知理性消费和感性消费
- ♥ 消费时启动"第二套决策系统"
- ♥ 设置"心理安全绊线"
- ♥ 21条女性理性消费攻略
  - 来自《纽约时报》畅销书作家的建议
  - 21条女性理性消费攻略

要想平衡，先要放弃

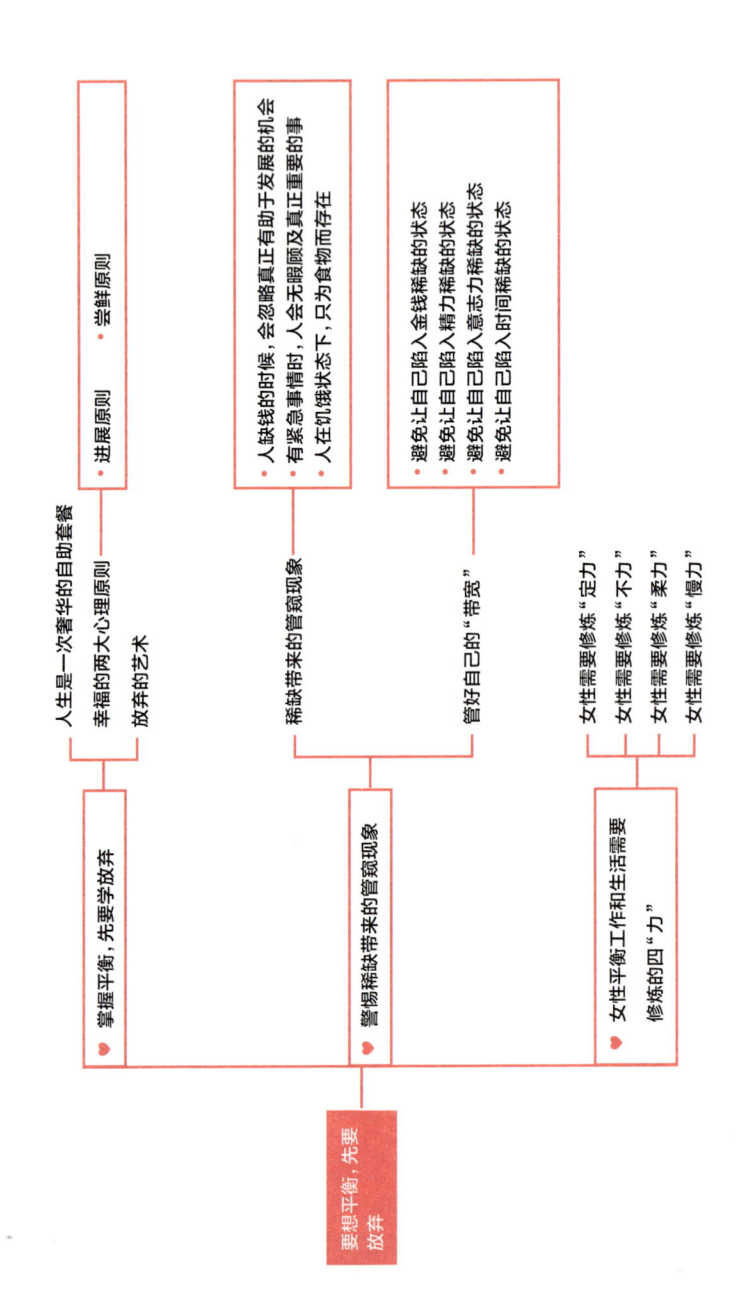

- ❤ 掌握平衡，先要学放弃
  - 人生是一次奢华的自助套餐
  - 幸福的两大心理原则
    - 进展原则
    - 尝鲜原则
  - 放弃的艺术

- ❤ 警惕稀缺带来的管窥现象
  - 稀缺带来的管窥现象
    - 人缺钱的时候，会忽略真正有助于发展的机会
    - 有紧急事情时，人会无暇顾及真正重要的事
    - 人生饥饿状态下，只为食物而存在
  - 管好自己的"带宽"
    - 避免让自己陷入金钱稀缺的状态
    - 避免让自己陷入精力稀缺的状态
    - 避免让自己陷入意志力稀缺的状态
    - 避免让自己陷入时间稀缺的状态

- ❤ 女性平衡工作和生活需要修炼的四"力"
  - 女性需要修炼"定力"
  - 女性需要修炼"木力"
  - 女性需要修炼"柔力"
  - 女性需要修炼"慢力"

生为女人，我不抱歉

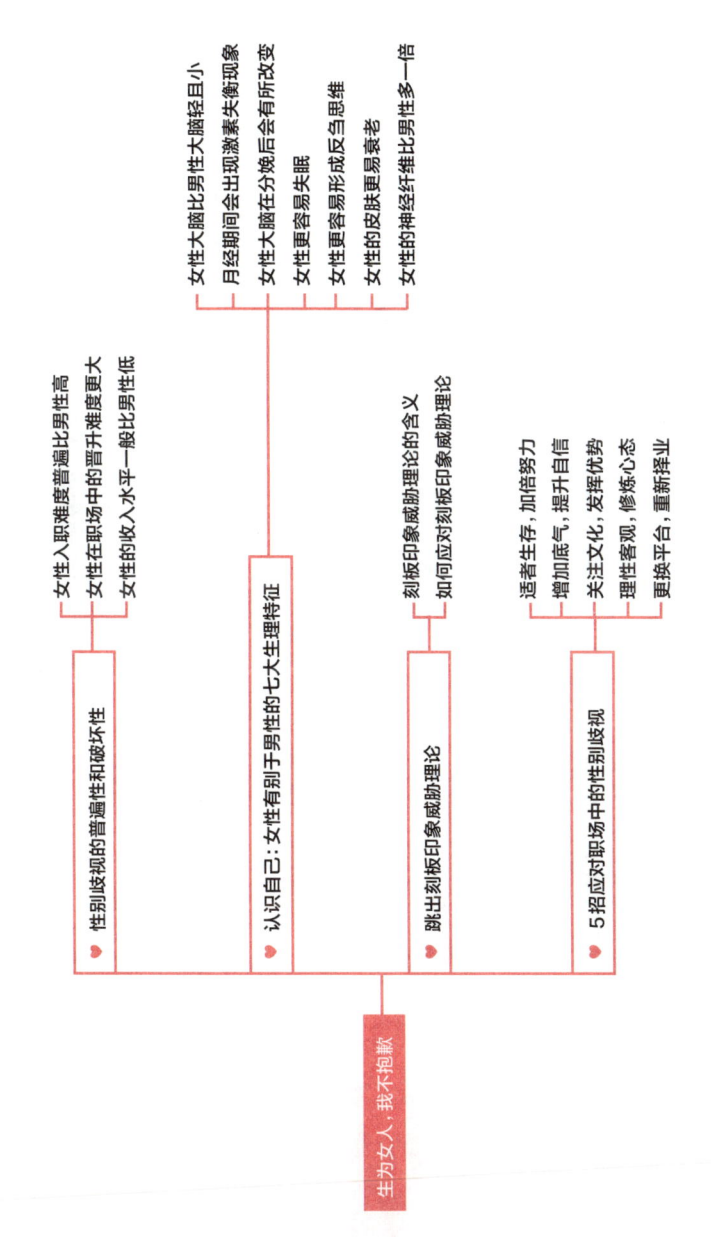

- **性别歧视的普遍性和破坏性**
  - 女性入职难度普遍比男性高
  - 女性在职场中的晋升难度更大
  - 女性的收入水平一般比男性低

- **认识自己：女性有别于男性的七大生理特征**
  - 女性大脑比男性大脑轻小
  - 月经期间会出现激素失衡现象
  - 女性大脑在分娩后会有所改变
  - 女性更容易失眠
  - 女性更容易形成反刍思维
  - 女性的皮肤更易衰老
  - 女性的神经纤维比男性多一倍

- **跳出刻板印象威胁理论**
  - 刻板印象威胁理论的含义
  - 如何应对刻板印象威胁理论

- **5招应对职场中的性别歧视**
  - 适者生存，加倍努力
  - 增加底气，提升自信
  - 关注文化，发挥优势
  - 理性客观，修炼心态
  - 更换平台，重新择业

遭遇性骚扰，不是你的错

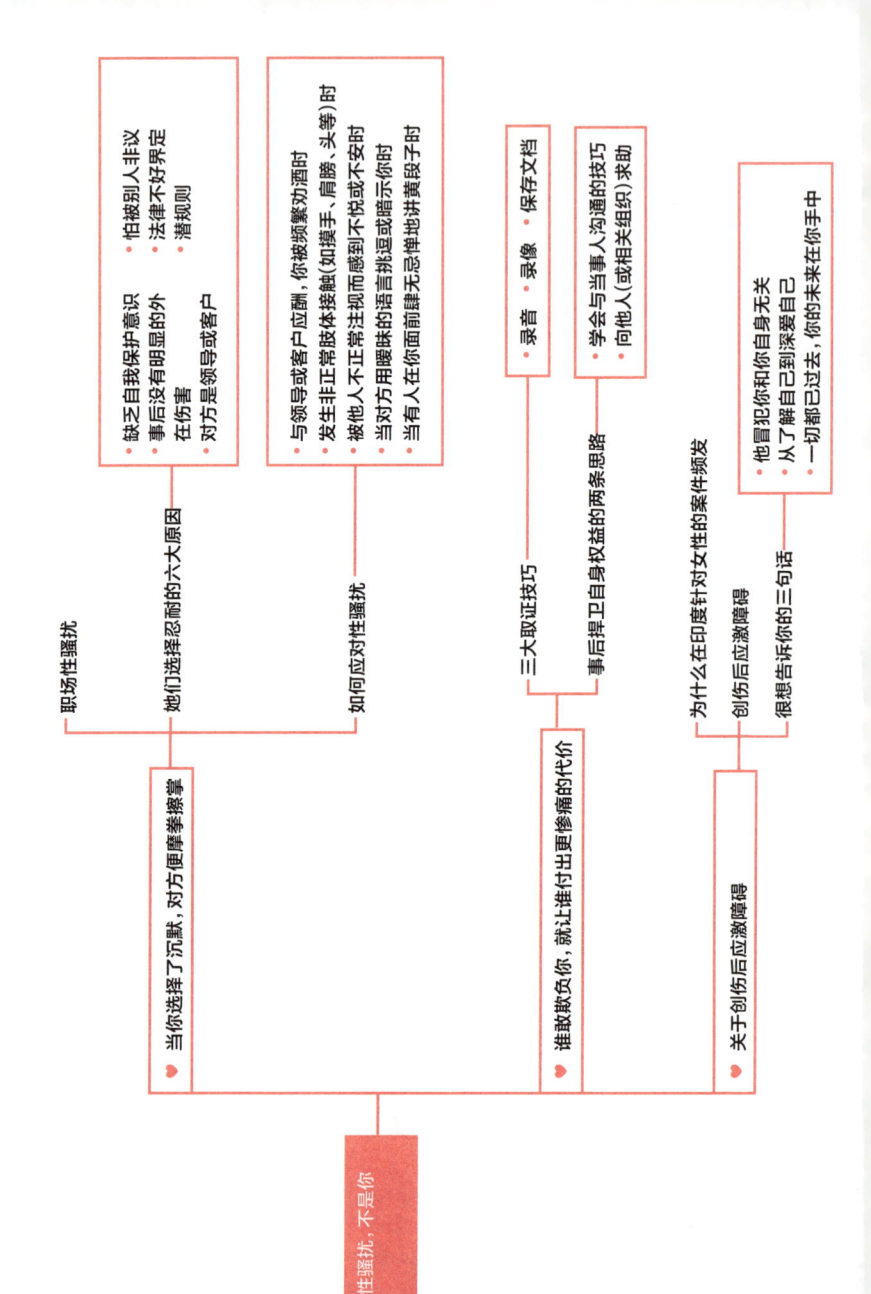

职场性骚扰

她们选择忍耐的六大原因
- 缺乏自我保护意识
- 事后没有明显的外在伤害
- 对方是领导或客户
- 怕被别人非议
- 法律不好界定
- 潜规则

如何应对性骚扰
- 与领导或客户应酬，你被频繁劝酒时
- 发生非正常肢体接触（如摸手、肩膀、头等）时
- 被他人不正常注视而感到不悦或不安时
- 当他人用暧昧的语言挑逗或暗示你时
- 当对方在你面前肆无忌惮地讲黄段子时

♥ 当你选择了沉默，对方便摩拳擦掌

三大取证技巧
- 录音
- 录像
- 保存文档

事后捍卫自身权益的两条思路
- 学会与当事人沟通的技巧
- 向他人（或相关组织）求助

♥ 谁敢欺负你，就让谁付出更惨痛的代价

关于创伤后应激障碍

为什么在印度针对女性的案件频发

创伤后应激障碍

很想告诉你的三句话
- 他冒犯你和你自身无关
- 从了解自己到深爱自己
- 一切都已过去，你的未来在你手中

♥ 关于创伤后应激障碍

人要同情自己的愤怒，与自己和解

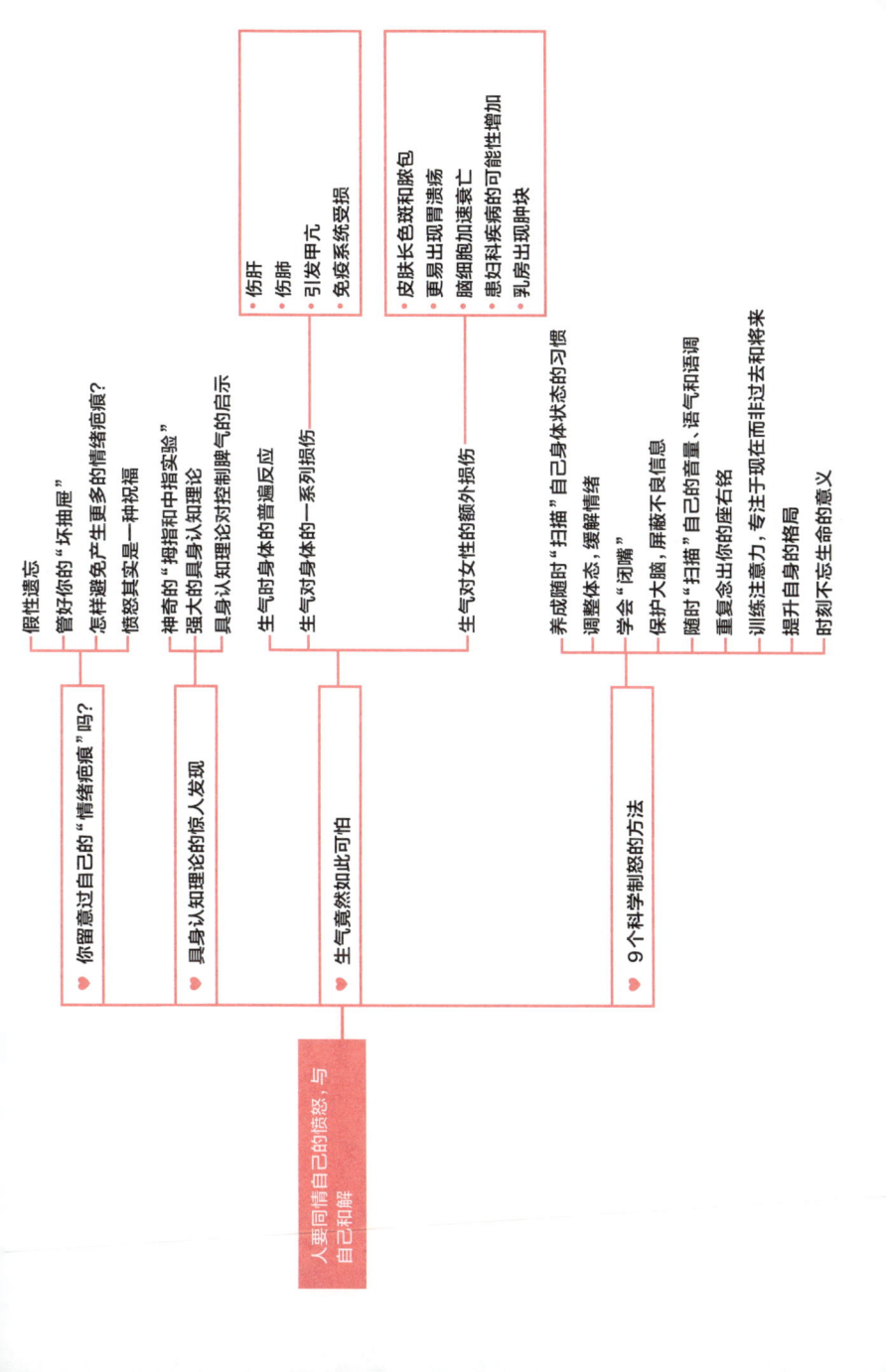

● 你留意过自己的"情绪疤痕"吗？
- 隐性遗忘
- 管好你的"坏抽屉"
- 怎样避免产生更多的情绪疤痕？
- 愤怒其实是一种祝福

● 具身认知理论的惊人发现
- 神奇的"拇指和中指实验"
- 强大的具身认知理论
- 具身认知理论对控制脾气的启示

● 生气竟然如此可怕
- 生气时身体的普遍反应
- 生气对身体的一系列损伤
  - 伤肝
  - 伤肺
  - 引发甲亢
  - 免疫系统受损
- 生气对女性的额外损伤
  - 皮肤长色斑和脓包
  - 更易出现胃溃疡
  - 脑细胞加速衰亡
  - 患妇科疾病的可能性增加
  - 乳房出现肿块

● 9个科学制怒的方法
- 养成随时"扫描"自己身体状态的习惯
- 调整体态，缓解情绪
- 学会"闭嘴"
- 保护大脑，屏蔽不良信息
- 随时"扫描"自己的音量、语气和语调
- 重复念出你的座右铭
- 训练注意力，专注于现在而非过去和将来
- 提升自身的格局
- 时刻不忘生命的意义

控制心态,掌控人生

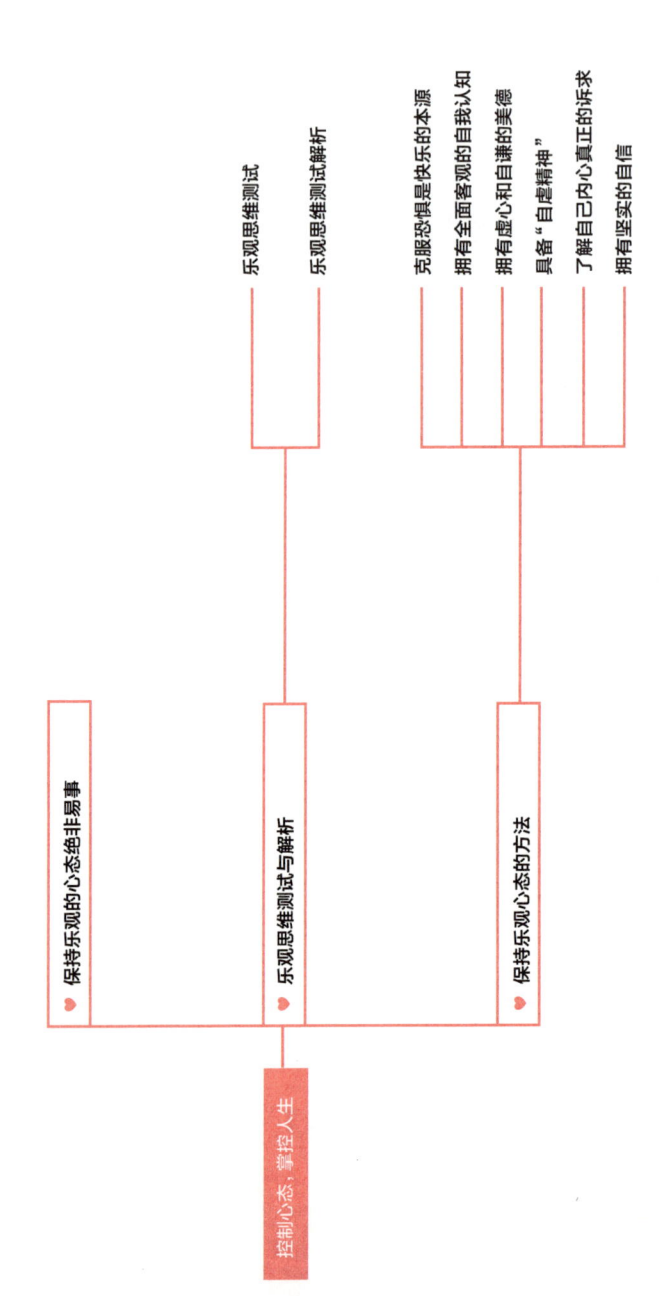

- **保持乐观的心态绝非易事**

- **乐观思维测试与解析**
  - 乐观思维测试
  - 乐观思维测试解析

- **保持乐观心态的方法**
  - 克服恐惧是快乐的本源
  - 拥有全面客观的自我认知
  - 拥有虚心和自谦的美德
  - 具备"自虐精神"
  - 了解自己内心真正的诉求
  - 拥有坚实的自信

面对被排挤，勇敢走出去

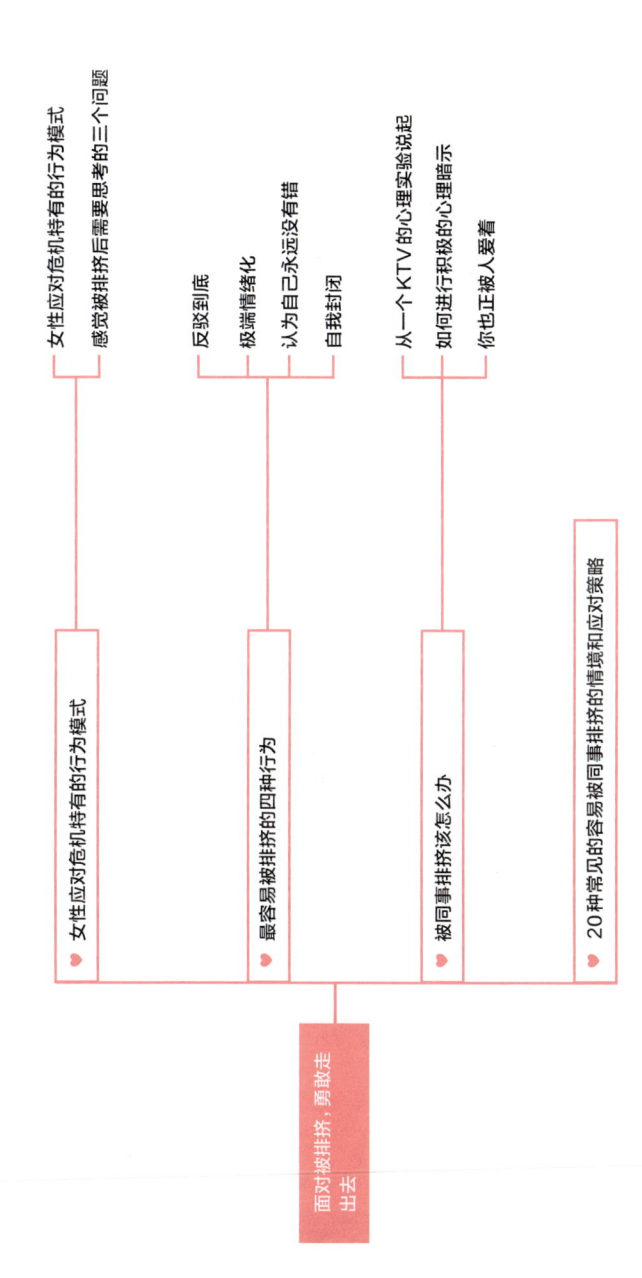

- **女性应对危机持有的行为模式**
  - 女性应对危机持有的行为模式
  - 感觉被排挤后需要思考的三个问题

- **最容易被排挤的四种行为**
  - 反驳到底
  - 极端情绪化
  - 认为自己永远没有错
  - 自我封闭

- **被同事排挤该怎么办**
  - 从一个KTV的心理实验说起
  - 如何进行积极的心理暗示
  - 你也正被人爱着

- **20种常见的容易被同事排挤的情境和应对策略**

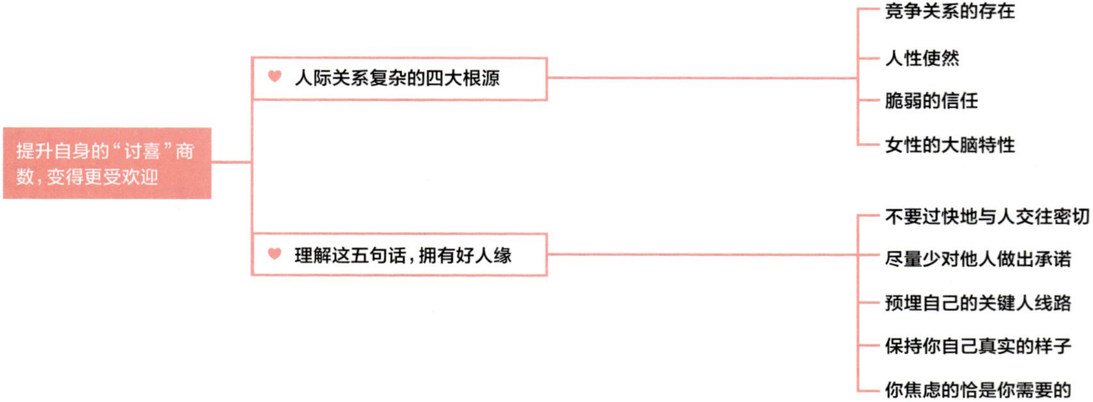

提升自身的"讨喜"商数,变得更受欢迎

人际关系复杂的四大根源
- 竞争关系的存在
- 人性使然
- 脆弱的信任
- 女性的大脑特性

理解这五句话,拥有好人缘
- 不要过快地与人交往密切
- 尽量少对他人做出承诺
- 预埋自己的关键人线路
- 保持你自己真实的样子
- 你焦虑的恰是你需要的